L'ÉCOLE DES MINES

DE PARIS

NOTICE HISTORIQUE

PAR

M. Louis AGUILLON

INGÉNIEUR EN CHEF DES MINES
PROFESSEUR A L'ÉCOLE NATIONALE SUPÉRIEURE DES MINES

(Extrait des ANNALES DES MINES, livraison de mai-juin 1889.)

PARIS

V^VE CH. DUNOD, ÉDITEUR

LIBRAIRE DES CORPS NATIONAUX DES PONTS ET CHAUSSÉES, DES MINES
ET DES TÉLÉGRAPHES

Quai des Augustins, 49

1889

L'ÉCOLE DES MINES DE PARIS

NOTICE HISTORIQUE

IMPRIMERIE C. MARPON ET E. FLAMMARION
RUE RACINE, 26, A PARIS.

L'ÉCOLE DES MINES
DE PARIS

NOTICE HISTORIQUE

PAR

M. Louis AGUILLON

INGÉNIEUR EN CHEF DES MINES
PROFESSEUR A L'ÉCOLE NATIONALE SUPÉRIEURE DES MINES

(Extrait des ANNALES DES MINES, livraison de mai-juin 1889.)

PARIS

V^VE^ CH. DUNOD, ÉDITEUR

LIBRAIRE DES CORPS NATIONAUX DES PONTS ET CHAUSSÉES, DES MINES
ET DES TÉLÉGRAPHES

Quai des Augustins, 49

1889

L'ÉCOLE DES MINES
DE PARIS

NOTICE HISTORIQUE

INTRODUCTION.

Il n'est peut-être pas une de nos institutions actuelles qui subsiste dans les conditions où elle fut créée. En dehors des tâtonnements inhérents à la période d'essai de toutes choses, les institutions ont dû se transformer successivement pour continuer à répondre à leur destination au milieu de l'incessant changement amené par le seul cours du temps. Rappeler la série de ces modifications n'est pas seulement de nature à satisfaire un intérêt de curiosité ; un pareil historique est susceptible, à un double point de vue, d'un utile enseignement : on s'explique mieux la raison d'être des choses actuelles lorsqu'on sait à la suite de quelles circonstances elles ont été établies ; des essais inutiles ou de prétendues rénovations peuvent être évités quand on connaît les résultats déjà donnés par des tentatives antérieures analogues. C'est dans cet esprit et avec ces intentions que, déférant avec empressement au désir qu'a bien voulu nous manifester le Conseil de l'École supérieure des mines, nous avons entrepris de retracer l'historique de cette École, qui compte aujourd'hui plus d'un siècle d'existence.

Créée en effet par l'arrêt du Conseil du Roi du 19 mars 1783, la première école des mines établie en France disparut dans la tourmente révolutionnaire. Reconstituée en 1794, elle fonctionna très régulièrement à Paris jusqu'en 1802, date à laquelle elle fut transportée à Pesey, ou plus exactement à Moutiers, en Savoie ; elle y resta jusqu'aux événements de 1814 qui nous enlevèrent ce pays. Après une courte période transitoire, l'École fut définitivement reconstituée à Paris, par l'ordonnance du 6 décembre 1816, et établie à l'hôtel Vendôme, qu'elle occupe encore aujourd'hui, successivement transformé, il est vrai, et surtout considérablement agrandi.

L'histoire de l'École supérieure des mines se partage donc naturellement en quatre périodes, qu'il suffirait à la rigueur d'examiner. Il nous a paru intéressant de remonter au delà de 1783, pour indiquer à la suite de quelles étapes et à raison de quelles nécessités l'école fut créée.

C'est un aperçu (*) que nous avons ainsi à présenter

(*) Pour la période antérieure à la Révolution, nous avons mis à profit des renseignements, non utilisés jusqu'à ce jour, puisés dans plusieurs manuscrits de Monnet, que possède la bibliothèque de l'École des mines. Nous aurons fréquemment à parler de Monnet qui n'a pas laissé de jouer un certain rôle à cette époque. C'était une sorte de paysan du Danube, quelque peu passionné, à l'humeur chagrine, et non dénué de prétentions, quoique esprit de médiocre élévation ; ses manuscrits ne le font pas connaître à son avantage. Ses renseignements sont souvent sujets à caution ; il brouille volontiers les dates, de telle sorte que ses indications se montrent immédiatement comme matériellement erronées. Nous nous sommes efforcé de ne répéter que les renseignements que nous avons pu contrôler par ailleurs.

L'École des mines possède de Monnet vingt-quatre manuscrits volumineux. Les uns appelés par l'auteur : *Passe-temps de la science*, au nombre de 6 à 7, contiennent sur la minéralogie, la chimie et la métallurgie des observations historiques ou scienti-

sur les origines de notre administration des mines. L'histoire de l'École, où les ingénieurs de cette administration se sont toujours recrutés, se lie d'ailleurs intimement à l'histoire de cette administration elle-même; aussi n'avons nous pas cru pouvoir résister au plaisir, dans les occasions si nombreuses qui se sont offertes à nous, de rappeler sommairement le souvenir des anciens ingénieurs et inspecteurs aujourd'hui disparus, qui, mêlés

---

fiques d'un intérêt médiocre quant au fond, et insignifiant comme sources historiques. D'autres manuscrits sont les journaux des divers voyages ou missions de Monnet, contenant tous, au milieu d'un remplissage sans valeur, des détails intéressants sur la vie à cette époque; il faut citer en particulier : l'*Histoire d'un voyage politique et minéralogique dans les départements du Puy-de-Dôme et de la Loire en* 1794, dont le titre que nous rapportons exactement à dessein suffit pour jeter un jour sur le personnage; ce manuscrit a été publié par M. Henry Mosnier. (Le Puy, Marchessou, 1875, 1 vol. in-12). Des manuscrits beaucoup plus précieux pour notre histoire sont : 1° un *Essai historique sur les mines*, où Monnet expose les faits auxquels il a été mêlé ou qui sont parvenus à sa connaissance; d'après les renseignements contenus dans ce manuscrit, il est certain qu'il a été écrit après le transfert de l'École des mines à Pesey, c'est-à-dire après 1802 et avant la nouvelle loi sur les mines du 21 avril 1810; 2° un *État des mines*, recueil de documents divers rédigé par Monnet de 1772 à 1780, contenant notamment les rapports faits par lui, comme inspecteur des mines, soit à Bertin, soit à ses successeurs.

Monnet, qui avait une singulière démangeaison d'écrire, bien qu'il ne fût pas très littérateur, avait laissé, en outre de ses 24 manuscrits, des *Mémoires*, en quatre volumes au moins, auxquels il renvoie souvent, mais que l'École ne possède pas. Parmi ceux qu'elle a nous citerons encore comme intéressants sur la vie au XVIIIe siècle : le *Cours de chimie de Vaugirard*, sur lequel nous reviendrons [p. 12, note (**)] et la copie des lettres écrites par Monnet à ses amis pendant trente ans.

Outre le voyage en Auvergne ci-dessus cité, M. Henry Mosnier a publié la partie d'un manuscrit relatant un voyage au Mont-Dore en 1786 (*Mém. de l'Académie de Clermont-Ferrand*, t. XXIX, publié à part : broch. in-8°, Clermont, Ribou-Collay, 1887), en y ajoutant une notice sur Monnet et la bibliographie complète de son œuvre.

à la vie de l'école, ont tous rendu des services utiles au pays, beaucoup avec un éclat ayant singulièrement profité au corps qu'ils ont honoré par leurs travaux. Il nous a paru que nous remplirions un devoir de reconnaissance envers ceux qui nous ont précédé en permettant aux jeunes générations de garder plus facilement leur souvenir (*). Nous espérons qu'on ne nous reprochera pas trop de nous être attardé parfois à des renseignements qui ne présentent qu'un pur intérêt de curiosité historique; nous nous plaisons à penser que quelques uns de nos camarades les apprendront ou les retrouveront avec autant de plaisir que nous avons eu à les rassembler; les peines que nous avons dû si fréquemment nous donner pour être certain d'être exact, tout en n'étant pas toujours aussi complet que nous l'aurions voulu, nous portent à croire que, pour beaucoup d'entre eux, notre modeste notice fera revivre un passé qui, pour n'être pas encore fort lointain, est déjà peut-être bien oublié (**).

(*) Les notices nécrologiques sur les membres du Corps des mines qui, par un soin pieux, ont de tout temps été insérées d'abord dans le *Journal des mines*, puis dans les *Annales des mines*, constituent à ce point de vue une source de renseignements des plus précieux et des plus exacts. Plusieurs de ces notices ne laissent pas de présenter pour l'histoire du corps, de l'administration des mines, de l'École et de la science, un intérêt de premier ordre. On ne s'explique pas toujours l'oubli dans lequel on paraît avoir laissé des ingénieurs dont le souvenir aurait pourtant mérité d'être mieux ou plus complètement conservé.

(**) En dehors des renseignements que peuvent donner les Recueils généraux et en outre des indications spéciales puisées dans des ouvrages particuliers dont mention a été alors rappelée explicitement en son lieu, nous avons mis à profit les nombreuses données que l'on peut trouver dans la série du *Journal des mines*, de 1794 à 1816, et des *Annales des mines* depuis 1816. Nous avons, en outre, dépouillé les archives de l'École des mines et la partie des archives du ministère des travaux publics relatives à l'École, que l'administration supérieure a bien voulu nous permettre de consulter. Nous devons, à cette occasion, remercier M. Bizé, chef de division, et M. N. Nobécourt, chef de bureau, de

Jusqu'à l'établissement de l'École des mines à l'hôtel Vendôme, en 1816, l'ordre chronologique était tout indiqué pour notre travail. Nous avons continué à le suivre, dans la mesure du possible, pour la longue période postérieure, sauf en ce qui concerne l'historique des bâtiments, sans nous dissimuler qu'à divers points de vue il aurait pu être préférable d'adopter un plan plus méthodique que chronologique. Peut-être aurait-on mieux suivi le développement de l'École en en étudiant le fonctionnement et les modifications par matière ou branche de service : les collections, l'enseignement, le professorat, l'effectif des élèves, etc.... Aussi, abandonnant parfois la méthode purement chronologique, avons-nous réuni incidemment l'ensemble des observations relatives à un même objet, comme nous l'avons fait, par exemple, pour les bâtiments; nous avons, d'autre part, essayé de remédier aux inconvénients inévitables de la méthode chronologique en faisant suivre la notice proprement dite d'annexes divers relatifs à des objets déterminés, considérés isolément. Nous ne nous dissimulons pas que ce plan nous a entraîné dans quelques redites; on voudra bien nous en excuser à raison du désir que nous avons eu de donner à chacun la possibilité de trouver le renseignement qu'il voudrait avoir.

A mesure que nous nous sommes rapproché de l'époque actuelle, nous nous sommes montré plus sobre d'observations sur les choses et surtout sur les personnes.

---

l'obligeance mise par eux à faciliter nos recherches. Il ne leur était pas loisible, toutefois, de nous permettre de consulter les archives du Personnel, dans lesquelles doivent se trouver les renseignements les plus complets.

Nous nous sommes efforcé de n'admettre aucune indication dont l'exactitude ne nous fût pas parfaitement établie par des documents probants. Pour éviter au lecteur la fatigue d'incessants renvois, nous nous sommes cependant abstenu d'indiquer à chaque fois la source où nos renseignements ont été puisés.

Les choses que tout le monde a vues ou sait ne méritent pas encore d'être rappelées ; à nos successeurs de les apprécier quand l'heure sera venue d'en parler. Les règles de la convenance la plus élémentaire nous interdisaient, même quand nous aurions su pertinemment avoir avec nous *vocem populi*, de parler, si ce n'est pour rappeler les faits matériels auxquels ils ont été mêlés, de ceux pour qui l'histoire n'est pas encore ouverte (*).

(*) Aussi bien nous aurions dû nous abstenir de parler des dix dernières années pour ne pas avoir la malechance de répéter, avec beaucoup moins d'autorité, les renseignements donnés pour cette période dans la *notice* placée par M. Carnot en tête des programmes et publiée dans la livraison précédente. Nous prions les lecteurs des *Annales* d'excuser les longues redites auxquelles nous les exposons s'ils vont jusqu'au bout de notre historique; nous n'avons malheureusement connu le dessein de M. Carnot que lorsque notre travail était déjà imprimé dans des conditions telles que nous ne pouvions ni le faire disparaître de ce Recueil, ni même le modifier.

CHAPITRE PREMIER.

ADMINISTRATION DES MINES ET ENSEIGNEMENT DES MINES ET DE LA MÉTALLURGIE EN FRANCE AVANT LA FONDATION DE L'ÉCOLE DES MINES EN 1783.

A peu près complètement délaissée depuis l'époque romaine, l'exploitation des mines métalliques fut, on le sait, reprise sur quelques points de la France dans les XIVe et XVe siècles (*); elle fut assez vite abandonnée (**) à la suite de la découverte de l'Amérique, et vers le milieu du XVIIIe siècle seulement on se préoccupa à nouveau un peu sérieusement de leur exploitation. Il est à peine besoin de mentionner les exploitations de minerais de fer, puisqu'en dehors des Pyrénées ces minerais étaient à peu près partout fournis par des fouilles superficielles qui ne peuvent pas être considérées comme ayant un réel intérêt pour l'art des mines. Quant aux gîtes de combustibles dont l'exploitation devait prendre pour notre pays une importance relative si considérable, on ne commença à s'en occuper que dans le milieu du XVIIe siècle, et

---

(*) Suivant Garrault (1579) (*in* Gobet, *Anciens minéralogistes*, t. I, p. 38), la fortune du célèbre argentier Jacques Cœur serait provenue en partie des bénéfices réalisés dans l'exploitation de mines de plomb argentifère.

D'après Gobet (*loc. cit.*, t. II, p. VII), ce serait à la reprise de mines métalliques dans le Mâconnais et le Lyonnais que seraient dues les lettres patentes de Charles VI, du 30 mai 1413, le premier acte général sur les mines de notre droit français.

(**) On peut se faire une idée de l'état d'oubli de toutes les connaissances du mineur et de l'état d'abandon de toute exploitation au début du XVIIe siècle par les aventures survenues au baron et à la baronne de Beausoleil, que le gouvernement avait cru devoir appeler d'Allemagne pour chercher des mines et installer des exploitations en France. Gobet (*loc. cit.*, t. I) nous a conservé le souvenir de ce roman terminé en drame.

les travaux n'y prirent un développement appréciable qu'au milieu du siècle suivant.

Aussi faut-il arriver à cette époque pour trouver quelque préoccupation, de la part de l'administration, de faciliter et de développer l'exploitation des mines en même temps que de la régulariser. A mesure, en effet, que les exploitations s'étendaient et s'approfondissaient sans aucune règle, les inconvénients s'accroissaient pour tous. De nombreuses réclamations avaient été adressées au roi pour lui signaler ces désordres.

L'administration des finances, à laquelle les mines se trouvaient naturellement rattachées à raison des droits perçus sur les exploitations ou leurs produits, ne put songer à porter utilement ses vues de ce côté que lorsque la charge de grand-maître des mines et minières de France put être abolie après remboursement de l'office, conformément à l'arrêt du conseil du 28 octobre 1740, à la maison de Condé, qui en était titulaire. A ce moment, du reste, les sciences avaient déjà fait d'assez notables progrès pour qu'on pût entrevoir que la recherche, l'exploitation et le traitement des minerais ne pouvaient prospérer si on n'avisait pas aux moyens de donner une instruction spéciale à ceux appelés à diriger ces entreprises. On sentait, au moins confusément, qu'il ne suffisait plus d'apprendre par la pratique les procédés d'un métier; on comprenait que le métier avait déjà fait place à l'art, sans qu'on pût encore être convaincu, ce qui ne devait arriver que plus tard, que l'art ne pouvait être fécond qu'éclairé par la science.

Trudaine père (*), comme intendant des finances chargé des recettes générales, avait dans son département,

(*) Daniel Trudaine (1703-1769), fils de Charles Trudaine, qui fut prévôt des marchands de Paris de 1716 à 1720, fut appelé de l'intendance d'Auvergne à une intendance de finances en 1739; il garda ces fonctions jusqu'à sa mort; il fut remplacé par son

sous l'autorité du contrôleur général des finances de Seychelles, le détail des ponts et chaussées (*) et l'administration des mines (**). Trudaine venait de fonder l'École des ponts et chaussées, établie à Paris suivant arrêt du conseil du 14 février 1747, qui, sous l'habile direction de Peronet allait prendre si rapidement une considérable importance et un fructueux développement. On ne pouvait, à ce moment, songer à créer une école des mines sur un plan analogue; en l'état de l'industrie minérale de la France, le nombre des élèves eût été insuffisant à raison surtout de l'imprévoyance des exploitants ; il eût été encore plus difficile de trouver des professeurs.

Trudaine père, conseillé par Hellot, essayeur en chef à la Monnaie (***), se borna à faire offrir aux directeurs et entrepreneurs des mines l'entrée de l'École des ponts et chaussées pour les jeunes gens qu'ils croiraient devoir recommander (****). Trudaine père entendait compléter leur

---

fils Trudaine de Montigny (1733-1777), qui était associé à son père et collaborait avec lui depuis 1757.

M. Ernest Choullier a donné des renseignements biographiques très complets sur *les Trudaine* dans une brochure sous ce titre (Arcis-sur-Aube, Léon Frémont, 1887.)

(*) Ce service absolument nouveau lui avait été confié en 1743 par le contrôleur général Orry.

(**) C'est à l'administration de Trudaine père que nous devons les actes, remarquables pour l'époque, rendus en matière de mines, et notamment l'arrêt du Conseil du 14 janvier 1744, qui reprit l'imprudente concession, faite, en 1698, par Louis XIV, aux propriétaires du sol, du droit d'exploiter les mines de houille dans leurs fonds; cet arrêt donna sur la conduite des travaux de ces mines les premières clauses générales de police minérale.

(***) Hellot a publié, par traduction de l'ouvrage allemand de Schlütter, sous ce titre : *De la fonte des mines et des fonderies*, 1750, 2 vol. in-4°, un des premiers ouvrages de métallurgie parus en France sous l'impulsion des nouvelles idées. Il a également publié un *État des mines du Royaume* (in-4°, Paris, 1764).

(****) Ces mesures furent rappelées, en 1781, par Chaumont de la Millière qui, à cette date, était exclusivement intendant des ponts et chaussées, par suite de la séparation de ce service de celui des intendants de finances supprimés par Necker.

instruction professionnelle en leur faisant faire un cours spécial de chimie par Laplanche, apothicaire du roi renommé; puis il voulait leur apprendre le métier en les faisant voyager et séjourner sur les quelques établissements miniers et minéralurgiques de France, notamment sur ceux qui passaient pour être les mieux dirigés (*); leur instruction professionnelle aurait été achevée par des voyages à l'étranger, surtout en Allemagne. En envoyant à l'étranger des jeunes gens ainsi préparés, Trudaine entendait, d'ailleurs, qu'ils en rapporteraient des connaissances nouvelles devant profiter immédiatement à tous les exploitants et métallurgistes français. On aurait ainsi formé un premier noyau de personnes susceptibles d'exercer utilement l'inspection des exploitations et surtout d'enseigner les saines notions de l'art des mines et de la métallurgie.

D'après ce plan furent formés Jars fils (**) et Guillot-

(*) Parmi les établissements alors les plus réputés en France, se trouvaient les exploitations de Poullaouen, dirigées par Kœnig; ce fut à Poullaouen que Jars fut envoyé comme élève pour y apprendre, de Kœnig, la géométrie souterraine et l'exploitation.

(**) Jars (Gabriel), fils du directeur des mines de Chessy et Sain-Bel, né le 26 janvier 1732, est mort, à Clermont, le 20 août 1769, d'un coup de soleil pris en allant étudier les coulées basaltiques des environs de Langeac. Jars est l'auteur des *Voyages métallurgiques*, 3 vol. in-4°, publiés, après sa mort, par son frère G. Jars, en 1774-1781. Après avoir visité et étudié en France les exploitations et établissements de Poullaouen, Pontpéan, Ingrande (houille) en Anjou, Sainte-Marie-aux-Mines, il avait consacré trois années (1757-1759), avec Guillot-Duhamel père, à voyager en Saxe, Autriche, Bohême, Hongrie, Tyrol, Carinthie et Styrie; il avait visité, en 1765, l'Angleterre d'où il avait rapporté les procédés pour la fabrication du minium; en 1766, la Hollande, le Hanovre, le Hartz, la Saxe, la Norvège et la Suède. Nommé correspondant de l'Académie des sciences le 10 janvier 1761, au retour de son premier voyage, il fut nommé membre titulaire, le 19 mai 1768, contre Lavoisier, bien que celui-ci eût été désigné en première ligne par la Compagnie; le

Duhamel père (*) que l'on peut considérer comme les deux premiers inspecteurs des mines que nous ayons eus,

---

gouvernement voulut récompenser Jars des services rendus à l'industrie des mines et de la métallurgie.

On doit à Jars un mémoire sur l'aérage naturel des mines.

(*) C'est surtout à Guillot-Duhamel père qu'il faut faire remonter l'honneur d'avoir introduit en France les connaissances rationnelles sur les mines et la métallurgie. Jars, enlevé à trente-sept ans, n'a pu rendre tous les services qu'on pouvait attendre des aptitudes remarquables que dénotent ses *Voyages métallurgiques.* Guillot-Duhamel fut réellement le premier professeur qui enseigna en France l'exploitation des mines et la métallurgie, d'abord dans la première Ecole de Sage, puis au début de l'Ecole de la Convention.

L'Ecole des mines possède, en manuscrit, un traité de Guillot-Duhamel sur l'exploitation des mines, intitulé : *l'Art du mineur*, soumis en 1789 à l'Académie des sciences et portant son approbation, à la date du 17 janvier 1789, pour être publié sous son privilège. Les événements empêchèrent la publication de ce traité, que l'on peut considérer comme donnant le cours que devait professer Guillot-Duhamel dès les débuts de son enseignement.

A ce titre, ce manuscrit est particulièrement intéressant. Il paraît fait plus spécialement pour les mines métalliques. Les objets dont il traite successivement, dans l'ordre suivant, sont : Recherches; boisage; muraillement; méthodes d'exploitation; aérage; roulage; extraction par treuils et baritels ou machines à molettes; épuisement par hommes, chevaux, roue hydraulique, machine à colonne d'eau, et machine à vapeur [d'après celle établie à Montcenis (le Creusot), en Bourgogne, et décrite en janvier 1787 par de La Metherie]; préparation mécanique : bocardage; caisse allemande; table fixe. On reconnaîtra là le programme des cours d'exploitation tels qu'ils se professent encore maintenant.

L'Ecole des mines devait également posséder le manuscrit de Guillot-Duhamel père sur l'*Art du métallurgiste*, qui a dû lui être remis avec le précédent, en 1821, par son fils, alors inspecteur général des mines; ce manuscrit nous aurait fait connaître ce que pouvait être un cours de métallurgie, en 1789; nous n'avons pas pu le retrouver.

Né le 31 août 1730, Guillot-Duhamel père est mort à quatre-vingt-six ans le 30 février 1816; il avait été membre de l'ancienne Académie des sciences et fut nommé de l'Institut dès sa réorganisation. Il a rédigé tous les articles de l'Encyclopédie relatifs à l'art des mines, et publié une *Géométrie souterraine* (2 vol. in-

encore qu'ils n'en aient pas porté le titre (*) et qu'ils n'aient fait des tournées pour le service du roi qu'en qualité de commissaires du contrôleur général des finances ; ils ont été, en tout cas, les initiateurs, en France, de l'art des mines et de la métallurgie.

A Jars et Guillot-Duhamel père il faut joindre, parmi les premiers inspecteurs, ou mieux commissaires des mines employés par les Trudaine, Monnet (**), que Tru-

---

4°, 1787) qui fut le premier traité sérieux paru en France sur les levés de plans et tracés souterrains.

Par sa vie sérieuse et appliquée, par la respectabilité de son caractère, Guillot-Duhamel a été le digne précurseur de notre corps des mines. Sa figure se détache entre celle de Monnet et de Sage, comme lui les ouvriers de la première heure, mais qui brillèrent plus par l'intrigue et le bruit qu'ils ont fait ou cherché à faire autour de leur nom que par les services rendus ou la vraie science.

Cuvier (*Eloges historiques*, t. III) a bien dépeint la figure et le caractère de Duhamel, et justement signalé les grands services rendus par lui à l'art des mines et de la métallurgie.

(*) Monnet fut le premier qui reçut, par brevet du roi en date du 17 juin 1776, le titre d'inspecteur général des mines, sous le ministère Bertin. Auparavant il n'existait que des commissaires pour les mines, par commission émanée du contrôleur général des finances.

(**) Nous avons déjà présenté Monnet au lecteur, dans la note 1 de la page 2. Né à Champeix en Auvergne en 1734, il est mort le 23 mai 1817. D'abord employé de pharmacie successivement à Paris et à Nantes, il sut capter la faveur de Malesherbes, fils du chancelier, et alors premier président de la Cour des aides, pour lequel il institua et fit, en 1766, aux frais de celui-ci, à Vaugirard, ce que l'on appelait alors un cours de chimie, c'est-à-dire une série d'expériences, sans lien méthodique entre elles, exécutées d'après les recettes alors connues; l'Ecole des mines possède, en manuscrit, la relation de ces expériences sous le titre à la fois pompeux et naïf de : *Cours de chimie fait par Monnet à Malesherbes, en* 1766, *en trente-cinq opérations dont plusieurs des eaux de senteur;* ce titre suffirait à peindre l'homme qui, dans un moment de franchise, déclare dans un de ses manuscrits savoir à peine le français et ignorer le dessin et les langues. Ce fut sur la recommandation de Malesherbes que Trudaine le prit pour le service des mines et l'envoya d'abord s'initier en Allemagne.

L'œuvre imprimée de Monnet comprend quelque onze volumes

daine père avait également fait voyager en Allemagne, aux frais du roi, pour l'initier à la pratique des mines et de la métallurgie, et que Trudaine de Montigny, qui avait succédé à son père en 1769 comme intendant des finances, employa également comme commissaire du roi. Monnet n'avait pas, comme les deux autres, passé par l'École des ponts et chaussées ; il n'eut jamais ni leur valeur ni leur mérite.

Les Trudaine ne purent arriver à réaliser le plan qu'ils avaient conçu pour la rénovation de l'industrie minérale et métallurgique. Lorsque Jars et Duhamel revinrent de leur premier voyage d'Allemagne, la malheureuse guerre de Sept ans avait ruiné la France ; les tristes personnages qui se succédèrent au contrôle général des fi-

---

traitant surtout de chimie et de minéralogie. Il faut citer à part un *Traité d'exploitation* (1778, 1 vol. in-4°), composé par adaptation d'ouvrages allemands, et l'*Atlas et description minéralogique de la France*, « entrepris par ordre du roi par MM. Guettard et Monnet et publiés par M. Monnet » (1780, 1 vol. de texte et atlas, in-fol.). Lavoisier (V. *Lavoisier*, par Grimaux, p. 26) qui avait accompagné Guettard dans ses premières tournées de 1767, a énergiquement réclamé contre l'indélicatesse de Monnet, qui, ayant obtenu de Bertin de faire cette publication, a cherché à s'approprier de cette manière les travaux de Guettard et les siens. Monnet, loin d'améliorer les travaux de ceux-ci, n'avait même pas su comprendre ce que Guettard avait entrevu : la continuité et la superposition, c'est-à-dire les deux lois sur lesquelles la géologie allait se constituer comme science.

En chimie, Monnet ne fit pas preuve de plus d'intelligence ; il fut, avec son ennemi Sage, un des derniers soutiens de la théorie du phlogistique ; en 1798, il publiait une soi-disant *Démonstration de la fausseté des principes des nouveaux chimistes*.

En minéralogie, Monnet, comme Sage également, ne sut comprendre les conceptions d'Haüy contre lesquelles il s'élève vivement dans ses manuscrits.

Maintenu dans le corps des inspecteurs lors de leur réorganisation, Monnet fut mis à la retraite en 1802, avec les trois autres plus anciens titulaires, quand Chaptal songea à diminuer les dépenses du service. Ce coup paraît lui avoir été particulièrement sensible et explique, sans les justifier, les aigreurs des manuscrits écrits dans les loisirs de la retraite.

nances n'étaient pas gens à se soucier des vues des Trudaine à cet égard. D'ailleurs, l'institution des concessions et l'administration technique des mines avaient échappé au contrôle général des finances pour passer au département spécial créé, en 1764, pour Bertin.

Lorsque Bertin quitta, en 1763, le contrôle général des finances, on voulut, en effet, lui constituer un département ministériel (*) qu'on composa par la réunion de divers services enlevés à d'autres départements ; l'agriculture et les mines furent ainsi retirées à l'intendant des finances chargé des recettes générales. Mais le département des finances conserva le service et l'inspection des forges et usines à raison des droits sur la marque des fers et autres, et par suite continua à exercer une inspection sur les mines, plus fiscale il est vrai que technique. Le département de Bertin avait, au contraire, à s'occuper de l'institution des concessions et de leur exploitation à un point de vue purement administratif et technique.

Jars était mort ; Guillot-Duhamel était passé au service du duc de Broglie pour le compte duquel il dirigeait des forges dans le Limousin. Sur la recommandation de Trudaine de Montigny, qui employait Monnet comme com-

---

(*) Ce fut sous le ministère Bertin, qui dura de 1764 à 1781, et sous ses auspices, que Guettard (né en 1715, mort en 1786, membre de l'Académie des sciences depuis 1743) entreprit sur le terrain, dès 1767, des reconnaissances dans le but de publier un atlas minéralogique de la France. En 1772, Lavoisier (V. Grimaux, *Lavoisier*) fit à Bertin des propositions pour la continuation et la publication de ce travail. Ce fut Monnet qui sut, en 1777, obtenir de Bertin cette autorisation et publia le travail dans les conditions signalées à la note 2 de la page 12.

On ne peut que regretter que Guettard, apparemment découragé et dégoûté par les procédés de Monnet, ait renoncé à continuer ces études. L'intelligence avec laquelle il avait su entrevoir la continuité et la superposition, permettaient de bien augurer de leurs résultats (V. Dufrénoy et Elie de Beaumont, *Explication de la carte géologique*, Introduction).

missaire et continua à l'employer pour le service du commerce, Bertin attacha Monnet, sous son autorité, au service des mines, en juin 1772, mais tout d'abord par simple commission (*). Plus tard, par brevet du roi du 17 juin 1776, contresigné par Bertin, Monnet fut nommé inspecteur général des mines du royaume (**), étant ainsi le premier dans notre histoire moderne auquel ce titre fut attribué, bien qu'avec des fonctions peu définies encore et assez différentes de celles qui devaient être données par la suite aux fonctionnaires de l'administration des mines (***).

Ultérieurement Bertin donna à Monnet un collègue en la personne d'un sieur Jourdan, de Lyon (****) qui, s'il fallait en croire Monnet, aurait été le plus singulier choix qui se pût faire (*****). Jourdan, qui résidait plus spéciale-

---

(*) Monnet (ms : *Etat des mines*) nous mentionne un brevet du roi du 18 juillet 1772, à lui délivré, pour visiter les provinces du Limousin, Auvergne, Bourbonnais, Berry, Bourgogne, Franche-Comté, Champagne, Lorraine et Alsace.

(**) Ce n'est que dans l'*Almanach royal* de 1778 qu'apparaissent pour la première fois les inspecteurs généraux des mines; on ne peut douter toutefois de la date de nomination de Monnet, qui a reproduit son brevet dans un de ses manuscrits.

(***) Monnet nous apprend (ms : *Essai historique sur les mines*) qu'il recevait pour le service des mines, sous Bertin, 2.500 livres d'appointements et 1.200 livres pour ses frais de voyage; de Trudaine, qui l'avait conservé concurremment pour le service des forges, il recevait, en outre, 1.500 livres d'appointements et 1.200 pour frais de voyage.

(****) L'*Almanach royal* pour 1778 l'appelle Jourdan de Montplaisir.

(*****) Suivant Monnet (même ms), Jourdan, qui n'était du reste attaché qu'au département de Bertin, aurait été un ancien capitaine de corsaires, dont toutes les connaissances en fait de mines auraient consisté à avoir vu les mines de cuivre de Chypre pendant une relâche.

Monnet l'accuse aussi d'avoir présenté comme sa femme une jeune fille que, dans son précédent état de corsaire, il aurait enlevée en Sicile. Jourdan a été relevé de ses fonctions d'inspecteur général à la chute de Bertin, en 1781.

ment à Lyon, avait les provinces du Midi, et Monnet, en résidence à Paris, celles du Nord.

Peu après que Bertin eut pris la direction du service des mines, on lui présenta deux mémoires en vue de créer deux écoles des mines : l'une dans le Forez, pour les mines de houille, et l'autre à Sainte-Marie-aux-Mines pour les mines métalliques; les élèves devaient y être logés et entretenus. Monnet, consulté par Bertin, émit un avis défavorable à toute idée de création d'une école spéciale. Suivant lui, la pratique des mines ne s'enseignait pas dans une école, mais devait s'apprendre sur place; il estimait qu'il suffirait d'établir à Paris, notamment au Jardin du roi, des cours publics de minéralogie et de métallurgie, que l'on ignorait particulièrement en France, faisait-il observer. On pourrait ensuite faire passer des examens tant sur ces matières que sur celles d'instruction générale, mathématiques et chimie. Les bons élèves, dont on devait avoir toujours six au moins, seraient ensuite logés et entretenus aux frais du roi, à raison de 1000 livres par élève et par an, sur les principales mines du pays, d'où on les prendrait suivant les besoins, de façon à avoir en permanence trois commissaires, brevetés par le roi, chargés d'instruire toutes les affaires de mines.

Un peu plus tard, Jourdan, poussé par Sage, suivant Monnet, revint à la charge auprès de Bertin et lui proposa la création d'une école des mines dont les frais auraient été payés par les taxes perçues à cet effet sur les exploitants (*). Monnet se mit encore par le travers d'autant plus vivement qu'il n'aimait pas Sage.

(*) C'est à cette idée que se rattachent les stipulations contenues à cet effet depuis 1769 dans les actes de concession de mines (V. Lamé Fleury, *Législation minérale sous l'ancienne monarchie*, p. 195, note 1), et plus tard l'arrêt du conseil du roi, du 13 janvier 1776, commettant le caissier de la petite poste de Paris pour recouvrer les contributions des exploitants à ce destinées (V. Lamé Fleury, *loc. cit.* p. 195).

Cependant celui-ci arriva, partiellement du moins, à ses fins ; et un peu suivant le plan indiqué par Monnet lui-même, des lettres patentes du 11 juin 1778 (*) établirent « dans une des grandes salles de l'hôtel des monnaies à Paris, une chaire de minéralogie et métallurgie docimastique, dans laquelle le professeur nommé par le roi donnera des leçons publiques et gratuites de cette science » (art. 1). Par l'art. 2 le roi nommait comme professeur de ladite chaire « le sieur Sage (**), de notre Académie royale des sciences, aux appointements de 2.000 livres qui lui seront payés annuellement, ainsi qu'à ses successeurs à ladite chaire, par le trésorier général des

(*) Le texte de ces lettres patentes a été publié par M. Lamé Fleury (*Législ. minér. sous l'ancienne monarchie*, p. 196).

(**) Sage, auquel on ne peut refuser l'honneur d'avoir créé l'École des mines, qu'il n'aurait pu, il est vrai, faire fonctionner sans Guillot-Duhamel père, né à Paris le 7 mai 1740, est mort en 1824. Fils d'un pharmacien, après de bonnes études au collège Mazarin, il s'adonna à l'étude de la minéralogie et de la chimie docimastique avec assez de succès pour qu'à 30 ans il fut désigné par l'Académie des sciences comme successeur de Guillaume Rouelle. Son mérite ne paraît pas cependant répondre au bruit que volontiers il faisait autour de son nom. Un bon juge, M. le professeur Grimaux, l'appréciait récemment ainsi (*Lavoisier*, p. 122) : « Expérimentateur maladroit, imagination fantaisiste, qui a beaucoup publié, beaucoup écrit, entassé erreurs sur erreurs, et n'a pas laissé dans la science un seul fait bien observé. » Sage, qui présente tant de points de ressemblance, avec son ennemi Monnet, auquel, sans contredit, il était supérieur par la culture générale, se rencontra avec lui pour tirer énergiquement les dernières cartouches en faveur du phlogistique à une date où tous les bons esprits pourtant s'étaient déjà ouvertement ralliés aux théories de Lavoisier. Aussi malheureux en minéralogie qu'en chimie, Sage combattit les vues d'Haüy, et se rangea également dans le mauvais clan de ceux qui croyaient accabler ce grand savant en le traitant de *cristalloclaste*. La fin assez misérable de Sage lui mérite quelque pitié. Atteint de cécité en 1805, il se trouvait, à la suite des événements politiques, dans une situation pénible, dépouillé presque de toutes ses pensions auxquelles il pouvait croire que la cession de ses collections lui donnait quelque droit.

monnaies ». Sage se trouvait déjà attaché à la monnaie comme commissaire aux essais avec appointements de 6.000 livres. D'après l'art. 3, un règlement devait être fait « sur tout ce qui pourra être relatif à l'établissement ordonné par les présentes lettres ». Ce règlement ne paraît avoir été jamais rendu; il aura été considéré comme inutile par suite de la nature du cours et par suite surtout de l'école qui, quelques années après, allait être installée dans ce même local.

Monnet n'avait pas été le seul à faire opposition à la création de cette chaire à la Monnaie. Buffon, au dire de Sage (*), l'aurait retardée d'un an, demandant qu'on l'établît au Jardin du roi, comme l'avait indiqué Monnet, et en faveur de Daubenton.

C'est ce cours que Sage, dans ses nombreuses brochures (**), appelle sa première École des mines. Il y cau-

---

(*) Sage: *Mémoires historiques et physiques*, br. in-8°, 1817.

(**) Les brochures de Sage, dans lesquelles il est directement ou indirectement traité de son École des mines, sont très nombreuses. Nous avons pu consulter les suivantes, et nous croyons que ce ne sont pas les seules qui existent:

Précis des mémoires de Sage, Paris, 1809, br. in-8°, où il n'est fait allusion qu'à ses relations avec Chaptal;

Exposé des effets de la contagion nomenclative et réfutation des paradoxes qui dénaturent la physique, Paris, Didot, 1810, br. in-8°; c'est la brochure où fâcheusement, pour sa mémoire, Sage attaque violemment la chimie de Lavoisier et la minéralogie de Haüy, en défendant énergiquement encore la théorie du phlogistique;

Origine de la création de l'École royale des mines, Paris, Didot, 1813, br. in-8°;

Probabilités physiques, Paris, Didot, 1816, br. in-8° dont les sept dernières pages sont consacrées aux réclamations habituelles de Sage sur l'École;

Fondation de l'École royale des mines à la Monnaie, Paris, Didot, broch. in-8°, 1817.

Mémoires historiques et physiques, Paris, Didot l'aîné, 1817, br. in-8°;

Notice biographique, Paris, Didot, 1818;

Note biographique, jointe avec même pagination à: *Analyse*

sait, en faisant les honneurs de son cabinet de minéralogie, s'il faut en croire Monnet, beaucoup plus qu'il n'y professait réellement. Sage nous apprend, en effet, qu'il avait installé, à la suite de l'arrêt du roi de 1778, sa collection de minéraux et son laboratoire dans le grand salon de la Monnaie. Parmi les personnages de marque ayant fréquenté sa première école, Sage indique Romé de l'Isle, Demestre et Chaptal, venus vraisemblablement en visiteurs, suivant la coutume de l'époque, beaucoup plus qu'en auditeurs assidus (*).

En 1781, Bertin quittait le ministère et avec lui disparut le département spécial créé à son intention. Les mines retournèrent au département des finances, et comme Necker avait supprimé les intendants de finances, le service des mines fut remis, chacun pour son département, aux quatre intendants de commerce qui étaient à cette date : de Montaran, Tolozan, de Colonia et Blondel. Chacun de ces quatre départements d'intendant de commerce comprenait un certain nombre de provinces dont l'administration supérieure, en ce qui concernait les ser-

---

comparée de la marcassite et de la pyrite et origine du ver-blanc, nommé asticot, dans une br. in-8°, Paris, Didot l'aîné, 1822.

Sage n'a d'ailleurs rien publié, depuis la Révolution, sans accoler à son nom le titre de : *Fondateur et directeur de la première École des mines*, et il s'est plaint amèrement que le *Journal des mines*, en publiant un mémoire de lui en 1809, ne lui ait pas donné ce titre.

(*) Sage (*Précis des mémoires*, p. 19), a cependant prétendu que Chaptal avait été son élève; qu'au sortir de son école il fit créer en sa faveur une chaire de chimie à Montpellier, avec 6.000 livres de traitement, et qu'il concourut à lui faire obtenir le cordon noir.

Quant à Romé de l'Isle, Sage, dans une autre de ses brochures (*Exposé des effets de la contagion nomenclative*, p. 30), dit qu'il lui fut adressé à son retour de l'Inde et de la Chine, pour savoir l'état qu'il devait prendre ; que lui ayant reconnu de l'esprit et du goût, il l'engagea à suivre ses cours dont il profita d'une manière si étonnante, qu'au bout de deux années il fut en état de faire la description du cabinet de Davila, en 3 vol. in-8°.

vices ressortissant au commerce, était dévolue à l'intendant dudit département.

Chacun des quatre intendants de commerce voulut naturellement avoir son inspecteur général, et de là l'arrêt du 21 mars 1781 (*) créant quatre « inspecteurs des mines et minières du royaume » (**) ; leurs attributions, au point de vue de la surveillance des exploitations minérales, étaient définies comme on ne l'avait encore fait dans aucun acte antérieur, en sorte qu'on a bien pu dire — encore que cela ne soit pas absolument exact en fait au point de vue de l'histoire, comme on vient de le voir — que c'est à cet acte et à cette date qu'il faut faire remonter l'organisation de l'inspection technique des mines.

Chacun de ces inspecteurs recevait 3.000 livres d'appointements et 1.000 livres de gratification par an, plus 10 francs par jour de tournée.

Les quatre premiers inspecteurs nommés sous ce régime et qui restèrent en fonctions jusqu'à la fin du règne (***), fonctions qui devinrent plus nominales que réelles, il est vrai, à partir de 1790, furent : Monnet (****) et Guillot-Duhamel, qui nous sont déjà connus, G. Jars (*****),

---

(*) Publié par M. Lamé Fleury (*Législ. minér. sous l'ancienne monarchie*, p. 190).

(**) Les *Almanachs royaux* de 1782 à 1792 les désignent sous le titre d'inspecteurs généraux ; ils figurent, sous cette appellation, dans le rapport fait à l'Assemblée nationale par Lebrun, dans la séance du 29 janvier 1790 (V. *Archives parlementaires*, à cette date).

(***) L'*Almanach royal* de 1792 les mentionne encore, en y ajoutant, en cinquième, Gillet de Laumont, qui figure à ce titre, pour la première fois, dans l'*Almanach* de 1789.

(****) Monnet était attaché à l'intendant de commerce Blondel dont le département comprenait le nord-ouest de la France : généralité de Soissons ; Picardie et Artois ; Flandre ; Hainaut Champagne ; les trois évêchés ; la Lorraine et le Barrois ; l'Alsace.

(*****) G. Jars, indiqué comme résidant à Lyon, devait être attaché à l'intendant de Colonia, dont le département comprenait le

le frère de Gabriel Jars mort si tristement en 1769, et de Bellejean, qui est resté à peu près inconnu.

Quelque temps après, Joly de Fleury, qui avait pris les finances à la retraite de Necker, le 21 mai 1781, modifia cette organisation assez vicieuse, qui rompait l'unité de l'administration supérieure, et créa, pour le service exclusif des mines, un intendant spécial tout comme, quelque temps auparavant, on avait créé un intendant spécial pour le service des ponts et chaussées en la personne de Chaumont de la Millière qui, choisi en cette qualité en 1781, sut continuer jusqu'en 1792 les heureuses traditions des Trudaine.

L'intendance spéciale des mines fut confiée à Douet de La Boullaye (*), qui était antérieurement intendant à Auch, et venait d'acheter une charge de maître des requêtes au Conseil. Douet de La Boullaye resta en fonctions sous les deux successeurs aux finances de Joly de Fleury : d'Or-

---

sud-ouest de la France : le Lyonnais, Forez et le Beaujolais ; la Bourgogne ; la Bresse ; les généralités de Limoges et de Tours ; le Maine ; le Poitou ; les généralités de la Rochelle et de Bordeaux.

On confond souvent ce G. Jars l'aîné, avec son frère plus jeune, Gabriel, mort en 1769 ; celui-ci est le véritable auteur des *Voyages métallurgiques* que celui-là n'a fait qu'éditer après la mort de son cadet. G. Jars l'aîné était, du reste, lui-même un homme distingué, correspondant de l'Académie des sciences. Un troisième frère, plus âgé également que l'auteur des *Voyages métallurgiques*, s'était aussi adonné aux mines.

(*) Monnet, d'accord avec les *Almanachs royaux*, ne désigne Douet de La Boullaye que comme *intendant des mines ;* l'arrêt du conseil du 19 mars 1783, portant établissement de l'École des mines, le désigne, dans le cours de l'arrêt, comme *intendant général des mines*, et, à la fin, sous le titre de *intendant général des mines, minières et substances terrestres de France ;* les deux arrêts du conseil du 19 mars 1783 sur l'exploitation des mines métalliques et des mines de houille, ne portent que *intendant général des mines.*

Douet de La Boullaye avait, d'après Monnet, 40.000 livres d'appointements comme intendant des mines ; il avait un premier commis recevant 24.000 livres pour lui et son bureau.

messon (mars à novembre 1783), et de Calonne (17 novembre 1883 au 20 avril 1787). Après de Calonne et avec Loménie de Brienne, le service des mines fut réuni à celui des ponts et chaussées dans la même intendance, et Chaumont de La Millière les conserva tous deux jusqu'au 10 août 1792.

Ce fut sous l'intendance de Douet de La Boullaye et quelques jours avant la démission de Joly de Fleury, que furent rendus simultanément, au rapport de ce dernier, à la date du 19 mars 1783, trois arrêts, l'un portant établissement d'une école des mines et les deux autres portant règlement, le premier pour l'exploitation des mines métalliques, et le second pour l'exploitation des mines de houille (*). Ces trois textes s'appuient respectivement l'un l'autre et sont bien les parties d'un même tout. L'exploitation des mines, tant de houille que de métaux, se trouvait, en effet, soumise désormais d'une façon plus précise et plus étroite que par le passé à la surveillance de police des inspecteurs et sous-inspecteurs du roi, lesquels, aux termes de l'article 11 de l'arrêt sur l'École des mines, ne pouvaient être pris que parmi ceux qui avaient conquis à l'École le brevet de sous-ingénieur (**).

Avons-nous besoin de rappeler que Monnet avait lutté auprès de Douet de La Boullaye, comme jadis auprès de Bertin, contre la création de l'école que soutenaient Sage et Guillot-Duhamel. Monnet préconisait toujours son plan : pas d'école spéciale ; des cours publics de

(*) Le texte de ces trois arrêts du Conseil, qui terminent si bien l'historique de l'administration des mines sous l'ancien régime, a été publié par M. Lamé Fleury, dans sa *Législation minérale sous l'ancienne monarchie:* l'arrêt sur l'École, à la page 198; celui sur les mines métalliques, à la page 110; celui sur les mines de houille, à la page 147.

(**) Toutefois, en 1784, Gillet de Laumont était nommé directement inspecteur des mines.

minéralogie et de métallurgie ; puis envoi et maintien sur les mines de ceux admis comme élèves après examen.

En terminant ce préliminaire historique, il nous paraît intéressant de rappeler que Douet de La Boullaye, comme de tout temps l'ont fait généralement les chefs auxquels on a confié un service distinct, avait peu à peu augmenté le personnel attaché à l'administration des mines. Une cinquième place d'inspecteur général avait été créée et confiée à Gillet de Laumont, apparemment parce que Guillot-Duhamel, l'un des quatre inspecteurs généraux de 1781, était chargé des fonctions de professeur à l'École (*). En outre des inspecteurs généraux il y eut, en dehors des élèves de l'École : deux sous-inspecteurs, Besson et Hassenfratz, à 1.500 livres chacun d'appointements, sans compter les frais de voyage (**), et six ingénieurs : Guillot-Duhamel fils, Lelièvre, Lefebvre d'Hellancourt, Lenoir, Miché, Brigaudie l'aîné, à 600 livres d'appointements, sans compter les frais de voyage (***). On créa également deux postes de commissaires du roi, plus spécialement préposés à la visite des usines et manufactures mettant en œuvre des substances minérales et consommant des combustibles qui provenaient alors à peu près exclusivement des forêts ; ces commissaires ne s'occupaient qu'indirectement des mines à raison de leurs relations avec les usines qu'elles alimentaient ; les mines ressortissaient plus spécialement aux inspecteurs. Ces fonctionnaires, officiellement désignés sous la qualification

(*) Duhamel, outre ses 4.000 livres comme inspecteur général, touchait 2.400 livres comme professeur.

(**) Estimés à 4.000 francs, année courante, pour les deux, par Lebrun, dans son rapport à l'Assemblée nationale du 29 janvier 1790, auquel nous empruntons tous les renseignements sur le personnel.

(***) Estimés par Lebrun à 2.400 livres pour les six, année commune.

de *commissaires du roi à la visite des usines, des bouches à feu et des forêts du royaume*, paraissent avoir été créés en vue d'amener des améliorations dans le fonctionnement des usines à feu, notamment afin d'obtenir des économies de combustibles et le remplacement du bois par la houille et le coke ; on se préoccupait assez sérieusement alors de l'épuisement des forêts. Ces fonctions de commissaires spéciaux furent attribuées à E. de Dietrich (*) et à Faujas de Saint-Fond (**).

Tout ce personnel, ainsi que celui de l'École, était en fonction en 1790.

Lebrun, au nom du comité des finances, avait proposé à l'Assemblée nationale, dans sa séance du 5 juin 1790, la fusion du corps des mines avec celui des ponts et chaussées. Dans sa séance du 15 août 1790, l'Assemblée n'accepta pas la proposition au fond ; elle se borna à la suspension provisoire du service, en renvoyant l'affaire aux comités réunis d'agriculture, de commerce

---

(*) Le baron E. de Dietrich, qui fut maire de Strasbourg en 1790, 1791 et 1792, et devait être une des victimes du régime de la Terreur, a rendu compte de ses fonctions de commissaire par la publication de son très intéressant ouvrage, encore utile à consulter aujourd'hui : *Description des gîtes de minerai et des bouches à feu... du royaume*, 3 vol. in-4°; le premier, de 1786, est consacré aux Pyrénées; le deuxième, de 1788, est relatif à la haute et à la basse Alsace; le troisième, publié seulement en l'an VII (1799), mais écrit dès 1788, concerne la Lorraine méridionale.

E. de Dietrich, en tant que commissaire, touchait, d'après le rapport de Lebrun, 6.000 livres d'appointements et 3.000 livres de frais de voyage, soit 9.000 livres.

(**) Faujas de Saint-Fond avait 4.000 livres d'appointements et 2.000 livres de frais de voyage, sans compter une pension de 6.000 livres, comme aide-naturaliste au Jardin du Roi.

Né le 17 mai 1741, mort le 18 juillet 1819, Faujas de Saint-Fond fut un des premiers en France, avec Dolomieu, à présenter des observations neuves sur les volcans et les roches éruptives ; il occupa la première chaire de géologie créée au Muséum ; il se retira en 1818 et eut pour successeur Cordier.

et d'industrie. L'affaire ne fut pas reprise et il ne fut rien statué par l'Assemblée constituante sur la réorganisation du département et de l'administration des mines. A la suite d'une pétition des officiers et élèves des mines, du 29 octobre 1791, une loi du 27 janvier 1792 (*) prescrivit le paiement de leurs appointements pour 1791, et décida qu'ils continueraient à être soldés provisoirement jusqu'à l'époque où il serait prononcé définitivement sur l'organisation de ce corps, qui ne devait être réalisée qu'en 1794, par la Convention.

(*) Publiée par M. Lamé Fleury, dans *Législ. minér. sous l'ancienne monarchie*, p. 192.

CHAPITRE II.

L'ÉCOLE DES MINES A LA MONNAIE.

(1783 — 1790)

L'arrêt du Conseil du 19 mars 1783 sur l'École des mines stipule bien, dans son préambule, « que Sa Majesté a résolu d'établir une école des mines à l'instar de celle qui a été établie avec tant de succès, sous le règne du feu roi, pour les ponts et chaussées » ; mais dans le corps de l'arrêt il semble qu'il soit moins question de la création même d'une école que du recrutement d'un personnel par la voie d'un enseignement déterminé. Aux termes de l'arrêt, en effet, deux professeurs devaient être nommés pour enseigner les sciences relatives aux mines et à l'art de les exploiter (art. 1). Ces sciences devaient comprendre, d'après l'article 2 : « la chimie, la minéralogie, la docimasie, la physique, la géométrie souterraine, l'hydraulique et la manière de faire avec le plus de sûreté et d'économie les percements et de renouveler l'air dans les mines pour y entretenir la salubrité, enfin les machines nécessaires à leur exploitation et la construction des fourneaux ». Le cours des études devait durer trois ans, du 1er novembre au 1er juin, à raison de trois leçons par semaine, de trois heures chacune, de chacun des deux professeurs (art. 3).

Les élèves ne pouvaient être admis qu'à seize ans accomplis, en justifiant qu'ils étaient suffisamment instruits de la géométrie, du dessin et des principes élémentaires de la langue allemande (art. 4).

Chaque élève devait subir tous les ans deux examens, l'un sur la théorie et l'autre sur la pratique, et à la fin du mois de mai de chaque année un examen général (art. 5 et 6). Les élèves qui s'étaient distingués par leur application et leur intelligence étaient envoyés dans les principales exploitations pour y rester, pendant les cinq mois de vacances, à s'instruire de tous les objets relatifs à la pratique des travaux (art. 7) ; les concessionnaires de mines étaient chargés de l'entretien des élèves envoyés chez eux, à raison de 60 livres par mois (art. 8), et ils devaient donner des certificats sur leur conduite et leur travail (art. 9).

Les élèves qui, après trois ans d'études, avaient convenablement satisfait aux examens et aux conditions de stage sur les exploitations, recevaient le brevet de sous-ingénieur des mines (art. 10) ; ce brevet ne conférait pas *de plano* le droit d'être nommé inspecteur ou sous-inspecteur du Gouvernement, mais sans lui, nul ne pouvait être nommé désormais à ces postes (art. 11) (*).

Enfin l'arrêt (art. 12) affectait une somme annuelle de 3.000 livres, pour créer 12 bourses, de 200 livres chacune, « en faveur des enfants des directeurs et des principaux ouvriers des mines, qui n'auraient pas assez de fortune pour les envoyer étudier à Paris, le surplus devant être employé à distribuer des prix à ceux qui auront été jugés les plus capables à l'examen général ».

Il est curieux de relever dans cette première charte de fondation, si rudimentaire qu'ait été relativement notre première école, des règles analogues à celles qui ont persisté pendant bien longtemps et dont plusieurs persistent encore : durée de l'instruction de trois ans, coupée chaque année en deux périodes : l'une d'enseignement théorique par des leçons, l'hiver ; l'autre d'entraînement pratique, l'été, par des voyages et des stages sur les exploitations ; mélange d'élèves destinés au service du Gouvernement et à celui de l'industrie privée ;

(*) V. la note 2 de la page 22.

il n'est pas jusqu'à la clause de faveur concernant les fils de directeurs dont on ne retrouve la trace dans une clause de portée analogue, que nous aurons à signaler plus tard, et qui a subsisté officiellement jusqu'en 1883.

L'arrêt rendu, il s'agissait de l'appliquer. Sage, qui avait été nommé directeur de l'École, devait être l'un des deux professeurs; Guillot-Duhamel père, l'autre. Sage paraît avoir rencontré tout d'abord quelques difficultés pour installer son école. Heureusement pour lui, à la fin de 1783, de Calonne était aux finances, et, comme la dépense ne lui répugnait pas, il obtint du roi une subvention grâce à laquelle Sage fit faire à l'hôtel des Monnaies, non sans un luxe qui lui fut vivement reproché par Lebrun dans ses rapports à l'Assemblée constituante (*), les installations nécessaires pour établir un laboratoire et surtout pour disposer, sur les plans d'Antoine, qui venait de reconstruire l'hôtel des Monnaies, les collections soi-disant destinées à l'enseignement de l'École. Ces collections, qui constituaient le *Cabinet de l'École des mines* et subsistèrent à l'hôtel des Monnaies jusqu'en 1824, étaient formées par le propre cabinet de Sage, que celui-ci avait cédé au roi, moyennant une rente viagère de 5.000 livres (**).

(*) Sage rapporte dans deux de ses brochures (*Notice biographique*, *Origine de la création de l'École royale des mines*) que la dépense de 40.000 francs aurait été soldée par un don à lui personnellement fait par Louis XVI pour avoir retiré 440.000 francs de vieilles dorures dont on n'avait offert au roi que 20.000 écus. Monnet, dans son manuscrit, dit que la subvention aurait été de 50.000 écus. Lebrun, dans son rapport à l'Assemblée constituante du 29 janvier 1790, a fixé la décoration du cabinet de Sage à 162.000 livres, sur lesquelles 36.000 livres étaient encore dues à cette date.

(**) Cette rente, à raison de son origine, fut confirmée par la loi du 1er mai 1791, relative à la liquidation des gages arriérés (V. Lamé Fleury, *Législ. minér. sous l'ancienne monarchie*, p. 196, note 2).

Sage a fait imprimer et a publié la *Description méthodique du*

Sage (*) enseignait la minéralogie et la chimie docimastique ou métallurgique ; Guillot-Duhamel l'exploitation des mines et la géométrie souterraine; en outre, il était *démonstrateur*, suivant l'expression de l'époque, des machines et appareils utilisés dans les mines et usines (**), c'est-à-dire que Guillot-Duhamel, comme il l'indique lui-même dans ses manuscrits, enseignait l'art du mineur et du métallurgiste. C'étaient là les deux professeurs prévus à l'arrêt organique de 1783. Mais, dès que l'École commmença à fonctionner, on leur adjoignit un professeur de dessin et tracé de plans et un professeur de mathématiques. On donnait, en outre, aux élèves des leçons de physique et de langues étrangères.

L'établissement où les élèves devaient être plus spécialement envoyés, pour l'étude de la pratique, était celui de Poullaouen, dont le directeur Brottemann était considéré comme le professeur de pratique de l'École, et recevait de ce chef 2.400 livres d'appointements.

Ce que devait être l'enseignement de Sage, on en peut juger par ses publications diverses et notamment par son ouvrage : *Analyse chimique et concordance des trois règnes* (Paris, 1786, 3 vol. in-8°), qu'il nous dit être la reproduction de son cours. En minéralogie on n'y trouve qu'une énumération de minéraux ou de roches, distin-

---

cabinet de l'École des mines (1784, 1 vol. in-8°), avec un supplément en 1787, qui a été considérée ultérieurement comme constituant l'inventaire des collections cédées au roi contre pension. Sage, en effet, continua par la suite à augmenter les collections de la Monnaie, mais plutôt d'objets d'ornement que d'échantillons ayant une valeur scientifique.

(*) Sage touchait comme professeur 5.000 livres, en outre de son traitement de 6.000 livres comme commissaire pour l'essai des métaux et minéraux, et de la pension viagère de 5.000 livres pour la cession de son cabinet, au total 16.000 livres au compte du département des mines.

(**) Duhamel avait fait établir, sur ses dessins, des modèles d'appareils, qui figuraient dans les collections de l'École.

gués entre eux par des caractères extérieurs superficiels, insuffisants ou mal compris, sans trace des classifications méthodiques que la cristallographie de Haüy et la chimie nouvelle allaient permettre (*); en chimie et en docimasie, l'indication des recettes alors connues dans les laboratoires sans aucune véritable théorie scientifique pour les expliquer et les relier entre elles.

L'enseignement de Guillot-Duhamel en matière d'exploitation de mines peut être réputé, au contraire, avoir été aussi substantiel que le comportait l'art des mines à cette époque, si l'on en juge par son manuscrit de l'*Art du mineur* dont il a été antérieurement parlé (V. p. 11, note 1). N'ayant plus son manuscrit de l'*Art du métallurgiste*, nous ne pouvons aussi bien juger la nature et la portée de son enseignement métallurgique. Tous les témoignages rendus plus tard en sa faveur, par ceux qui avaient été ses élèves ou qui l'avaient connu, nous permettent de croire que, dans cette autre branche de l'enseignement, il fut à la hauteur de la grande réputation qu'il s'était acquise comme métallurgiste, en pratiquant de 1764 à 1775 (**).

Parmi les professeurs secondaires Sage (***) a indiqué : Charles pour la physique, Prud'homme pour la géométrie, Miché pour le dessin et l'architecture pratique (****), l'abbé

(*) La minéralogie de Sage, malgré les indications données dès 1781 par Haüy, continua à abonder dans ces *schorls*, où l'on rangeait pêle-mêle toutes les espèces fusibles se présentant sous une apparence grossièrement prismatique, et ces *zéolithes*, réunion non moins disparate et hétérogène qui comprenait toutes les espèces donnant une gelée à l'attaque aux acides.

(**) Cuvier, dans l'éloge historique qu'il a consacré à Duhamel (*Éloges historiques*, t. III), a donné des renseignements circonstanciés sur les résultats remarquables que celui-ci avait obtenus dans les forges dirigées par lui, notamment pour la fabrication de l'acier.

(***) *Exposé des effets de la contagion nomenclative*, br., 1810, p. 33-34.

(****) Miché, né à Paris le 5 avril 1755, mort ingénieur en chef

Clouet pour l'allemand et l'anglais ; nous retrouverons plus tard ces deux derniers.

Monnet paraît dire dans un de ses manuscrits, plus qu'il ne le mentionne explicitement, qu'Hassenfratz, dont nous aurons tant à parler plus tard, qui avait été nommé sous-inspecteur des mines le 1er janvier 1785, a également enseigné à l'école de Sage. Une note conservée dans les archives de l'École des mines indique, en effet, qu'il enseignait la physique aux élèves des mines, en 1786. Le rapport de Lebrun fait à l'Assemblée constituante, le 29 janvier 1790, ne cite que l'abbé Clouet comme professeur titulaire de langues étrangères, aux appointements de 2.000 livres, et Charles pour l'enseignement de la physique, avec gratification de 600 livres (*).

Il y avait, en outre, un secrétaire-garde des collections, Trumeau de Vozelles, un sous-garde et un personnel de gens de service. Au total, d'après le décompte de Lebrun dans son rapport à l'Assemblée constituante, l'école de Sage entraînait une dépense de 26.800 livres, non compris les traitements touchés par Sage et Duhamel, en dehors de leurs allocations comme professeurs (**).

---

des mines à Amiens, le 19 mars 1820, s'était donné à l'architecture et était inspecteur des bâtiments lorsqu'à la formation de l'École de Sage il y entra pour être nommé ingénieur six mois après ; dès son entrée il était chargé de l'enseignement du dessin, puis plus tard d'un cours d'architecture pratique.

Miché a publié, en 1812, une *Nouvelle architecture pratique*, 1 vol. in-8°. Il avait orné les salles de la collection de minéralogie, à la Monnaie, de nombreux dessins qui s'y trouvaient encore lors de la mort de Sage, en 1824.

(*) Mais ce rapport indique que deux élèves donnant des leçons à leurs confrères recevaient de ce chef 200 livres d'indemnité chacun.

(**) Sage (*Fondation de l'École royale des mines à la Monnaie*) a dit que « les dépenses de l'École ne montaient, pour les douze élèves, les professeurs, les gardes conservateurs, les frais d'expériences et d'entretien, qu'à 21.400 francs. » Les chiffres de Lebrun nous paraissent plus officiels. Monnet (ms: *Essai histo-*

Dès la fin de 1783, ou tout au moins aux débuts de 1784, l'École était en fonctionnement régulier. Une première promotion de huit élèves y avait été admise. Mais, contrairement aux clauses de l'arrêt de 1783, les élèves paraissent avoir été tous brevetés après une seule année de cours (*). Dans cette première promotion se trouvaient Lelièvre et Lefebvre d'Hellancourt, qui vont jouer pendant tant d'années le rôle le plus important dans l'histoire de notre administration des mines et de nos écoles. Une autre promotion entra à l'École en 1786, composée de 21 élèves, dont 9 surnuméraires, et après une année de cours également, 10 d'entre eux sortaient brevetés.

Ces élèves surnuméraires étaient ceux qui ne touchaient pas l'indemnité annuelle de 200 livres réservée aux douze élèves titulaires, ou stipendiés comme les appelle Sage, par suite d'une application quelque peu détournée de la disposition formant l'article 12 de l'arrêt organique de 1783 (**).

Les élèves de l'École des ponts et chaussées étaient en outre tenus de suivre, à l'hôtel des Monnaies, le cours de chimie et de minéralogie de Sage; ils accroissaient ainsi le nombre des auditeurs, sinon effectivement présents, du moins que le vaniteux professeur pouvait s'attribuer.

A partir de 1787, il n'y aurait plus eu de nouveaux élèves admis à l'École; mais ceux entrés antérieurement

---

rique sur les mines) indique 20.400 livres, mais avec un décompte certainement erroné, puisqu'il attribue 600 livres à 20 élèves.

(*) Tous les renseignements sur le mouvement des élèves de l'École de Sage sont extraits d'un rapport officiel de Dufrénoy, de 1834, sur l'historique de l'École des mines; mais nous n'avons pas su retrouver les documents originaux d'après lesquels Dufrénoy a pu donner ces indications.

(**) Sage (br. : *Fondation de l'École royale des mines*) dit que le traitement des élèves stipendiés était de 500 francs et leur indemnité de voyage de 200 francs; nous croyons qu'il commet une confusion.

ont dû y rester en partie au delà du temps normal, puisque la loi précitée du 27 janvier 1792 règle rétroactivement, tant pour 1790 que 1791, pour six élèves, l'indemnité annuelle de 200 livres. Cet arrêt dans le fonctionnement de l'École a coïncidé avec le départ de Douet de La Boullaye et la disparition de l'intendance spéciale des mines. Le besoin des économies se faisait sentir, et Chaumont de La Millière, dernier intendant des mines et des ponts et chaussées, était un administrateur trop soigneux pour ne pas essayer d'enrayer les prodigalités qu'on reprochait à Sage et à l'administration de Douet de La Boullaye. Dans son rapport du 29 janvier 1790, au nom du comité des finances, après avoir détaillé la dépense du département des mines, qui se montait à 140.800 livres (*), après avoir rappelé l'historique des créations successives de Sage à la Monnaie, Lebrun terminait en disant : « La dépense de l'établissement a été calculée pour un autre royaume que la France, pour la Suède, par exemple, ou pour l'Espagne, dont les mines constituent une grande partie de la richesse publique; mais chez un peuple agricole, les mines ne peuvent être qu'objet de police et d'inspection; on doit à cette partie protection, encouragement, instruction, sans faste et sans magnificence; l'intérêt particulier fera le reste. D'après les principes adoptés par le comité des finances, l'établissement des mines doit être réduit au simple nécessaire; l'administrateur actuel, Chaumont de La Millière, l'avait considéré sous le même point de vue, et le comité se fait un devoir de lui rendre la justice d'annoncer qu'il ne proposera presque point d'économie qu'il n'eût lui-même indiquée. »

Quelques mois après, à la séance du 5 juin 1790, Lebrun exposait le plan du comité des finances, qui consis-

(*) Non compris les appointements de l'intendant.

tait à supprimer le corps et l'École des mines et à les fusionner avec le corps et l'École des ponts et chaussées, que l'on proposait seule de maintenir. « Un objet d'économie nous a frappés, disait Lebrun (*) ; on a très nouvellement établi une École des mines avec un grand appareil et de grandes dépenses ; le nombre des élèves est peu considérable ; après avoir pris à l'École des instructions théoriques, ils vont chercher dans les provinces à mettre ces connaissances en pratique ; mais les ateliers obscurs dans lesquels ils voudraient se perfectionner leur sont ouverts ou fermés selon le caprice des propriétaires. Le comité a pensé que tout ce qui a rapport aux travaux des mines devait se lier aux études nécessaires pour les ponts et chaussées ; qu'il serait intéressant pour les départements de trouver dans le même homme, dans un homme occupé par état de fouilles de terre et de constructions souterraines, les lumières nécessaires soit pour constater l'existence des mines, soit pour en éclairer l'exploitation. » Ce plan se reliait avec celui présenté le 20 août 1790 pour la réorganisation du Jardin des Plantes (**). On devait y transporter tout le cabinet des mines de l'hôtel des Monnaies, et le professeur de chimie du Jardin des Plantes devait y faire désormais un cours de métallurgie.

Ni l'un ni l'autre de ces plans ne devaient être adoptés par l'Assemblée constituante. Les officiers des mines avaient présenté à l'Assemblée constituante, le 4 juin 1790, un mémoire (***) pour établir la différence des fonctions entre les ingénieurs des mines et ceux des ponts et chaussées, et par suite les différences de l'instruction professionnelle qui leur était respectivement nécessaire. De leur côté, les officiers du Jardin des Plantes avaient

---

(*) *Archives parlementaires*, t. XVI, p. 112.
(**) *Archives parlementaires*, t. XVIII, p. 176.
(***) *Archives parlementaires*, t. XVI, p. 99.

opposé au plan du comité des finances une organisation toute différente, beaucoup plus développée, mais où il n'était pas question de chaire de métallurgie (*). Dans sa séance du 15 août 1790, l'Assemblée constituante se borna à suspendre provisoirement le fonctionnement d'une partie du département des mines et remit à statuer après rapport des comités réunis d'agriculture, du commerce et d'instruction.

Lorsque Regnault d'Epercy présenta, le 20 mars 1791, avec son rapport, le projet qui devait devenir la loi sur les mines du 28 juillet 1791, il fit observer, à la fin de son travail, qu'il n'était question, dans le projet, ni de l'administration des mines, ni de l'École, parce que ces questions devaient faire l'objet d'un rapport et d'un projet particulier dont il annonçait que l'Assemblée serait incessamment saisie (**).

Il n'en fut rien, et l'Assemblée constituante se sépara sans avoir, par suite, rien statué sur la réorganisation du corps et de l'École des mines. En tout cas, en réorganisant le corps et l'École des ponts et chaussées par la loi du 19 janvier 1791, l'Assemblée laissa le personnel et l'instruction relatifs aux ponts et chaussées, absolument distincts, comme auparavant, de tout ce qui touchait au fait des mines (***). Le corps des mines continua à avoir l'existence de fait que reconnut la loi du 27 janvier 1792, en prescrivant la continuation de leurs traite-

---

(*) *Archives parlementaires,* t. XVIII, p. 185.

(**) « Vous verrez avec satisfaction, messieurs, disait Regnault d'Epercy, à la fin de son rapport, que vous pouvez employer utilement, pour l'intérêt public, ces hommes éclairés et instruits qui faisaient partie de l'ancienne administration. Vos comités se plaisent à leur rendre cette justice: c'est à eux qu'ils doivent principalement tous les renseignements qui leur sont parvenus sur l'exploitation des mines. » (*Arch. parlem.*, t. XXIV, p. 223).

(***) La loi de dépenses pour 1791, du 18-25 février 1791, fait mention d'une allocation de 7.000 livres pour l'École des mines.

ments aux officiers des mines alors existants, y compris les élèves (*).

Telles sont les circonstances dans lesquelles s'éteignit en fait, en tant qu'institution d'enseignement, sans avoir été jamais légalement supprimée (**), l'École fondée par Sage. Lui-même n'allait, du reste, pas tarder à être jeté en prison (***). L'établissement fut matériellement respecté et les collections laissées intactes. Sous la Convention, le comité des finances avait bien prescrit leur transfert au Muséum; mais il n'y fut pas donné suite à cause apparemment des contestations qui s'élevèrent sur leur répartition entre le Muséum d'une part, l'École polytechnique et l'agence des mines, d'autre part, qui tous en réclamaient une partie pour leurs collections.

Dès le début du Consulat, Sage était rétabli à la Monnaie au milieu de sa collection, et tous les *Almanachs*, depuis celui de l'an X jusqu'à celui de 1824, année de sa mort, contiennent une notice sur le *Musée des mines* à la Monnaie, où l'on reconnaît bien la plume dithyrambique de Sage, dès qu'il parlait de lui; la notice descriptive se termine par la mention : Sage, administrateur et professeur. Quel cours pouvait-il faire et quels auditeurs pouvaient le fréquenter? C'est ce qu'il serait bien inutile de rechercher.

A la mort de Sage, en 1824, l'État revendiqua, comme lui appartenant en vertu de la cession faite au roi, moyennant pension, tous les minéraux, roches et objets décrits

(*) L'*Almanach royal* de 1792 contient, comme les précédents, la mention des cinq inspecteurs généraux des mines et la notice des almanachs antérieurs relative à l'Ecole des mines de la Monnaie.

(**) C'est pourquoi Sage, en 1824, se parant encore du titre de professeur que personne ne songeait à lui discuter, se prévalait d'un enseignement à peu près ininterrompu, suivant lui, pendant près d'un demi-siècle.

(***) « Je ne parvins à obtenir la vie et la liberté qu'en donnant 1.000 louis. » (Sage, *Origine de la création de l'École royale des mines*, br., 1813, p. 5.)

dans le *Catalogue* édité et imprimé en 1787; l'État consentit à laisser aux héritiers Sage tous les autres objets placés dans les collections, et que rien de particulier n'établissait être propriété domaniale. L'École des mines de Paris, à laquelle cette collection paraissait devoir revenir en entier à raison de son origine, reçut en 1825, à la suite de longues contestations, 3.000 objets, après que le Muséum eut été admis à prélever 466 échantillons, malheureusement pour l'École, choisis dans le peu que le cabinet de Sage contenait comme ayant une valeur scientifique. Les collections étaient faites à l'image de celui qui les avait formées, plus en surface qu'en profondeur, plus en objets de montre et d'apparat qu'en échantillons utiles à la science (*).

Les renseignements que nous avons donnés sur l'École de Sage montrent tout d'abord qu'elle n'a guère fonctionné comme l'avait prévu l'arrêt du Conseil de 1783. Au lieu d'un enseignement de trois ans, la plupart des élèves n'ont reçu d'enseignement que pendant un an; cet enseignement paraît, d'autre part, avoir été très rudimentaire et surtout peu fortifié par l'étude sur place des mines et usines. Aussi s'explique-t-on — bien qu'il en soit sorti quelques membres distingués de notre premier corps des mines, y ayant occupé les plus hautes situations — que l'École de Sage n'ait pas joui d'un grand renom auprès des contemporains (**). Sage n'était pas un Per-

---

(*) Parmi les objets venus du cabinet de la Monnaie, se trouve à l'École des mines le buste en bronze de Sage, par Ricours, du reste fort beau, qui se voit aujourd'hui dans la collection de minéralogie, sur son ancien piédestal, couronné par l'inscription : *discipulorum pignus amoris*. Monnet élève quelques doutes sur la spontanéité mise par les élèves à offrir ce buste à leur directeur.

(**) Nous ne faisons pas là allusion à Monnet, qui naturellement déclare que les élèves ne savaient rien et ne pouvaient se placer dans l'industrie; pour Monnet, des élèves de Sage et de Guillot-Duhamel ne pouvaient être que des ignares. Mais Fourcroy, dans son rapport du 3 vendémiaire an III sur l'École cen-

ronet; ce que celui-ci a su faire pour les ponts et chaussées, celui-là ne réussit pas à l'établir pour les mines. Leurs créations ont été très dissemblables et semblent chacune porter leur empreinte personnelle. L'un, doué d'un rare talent d'ingénieur et d'administrateur, était un homme d'une modestie peu commune; l'autre fut un vaniteux d'assez courte science. Or, l'œuvre qu'il avait tentée offrait des difficultés peut-être encore plus grandes que celles dont avait été chargé Perronet.

Il est juste toutefois de reconnaître que les temps et les circonstances ont peu favorisé l'œuvre créée par Sage. A peine l'École commençait-elle à fonctionner, tous les principes sur lesquels reposait, en France, le régime de l'exploitation des mines allaient être renversés. La loi si malheureuse du 28 juillet 1791, qui venait de livrer toutes les exploitations minérales au gaspillage des propriétaires du sol, avait absolument omis de poser la moindre indication sur la police des mines; tout ce qui touchait à l'administration des mines était décentralisé et mis à peu près exclusivement dans les mains des directoires de départements. A quoi aurait pu servir une École des mines dans de telles conjonctures? Il fallait d'abord qu'on revînt sur le mode d'interprétation et par suite d'application de la loi de 1791 pour qu'on sentît le besoin de sortir du chaos où l'on resta plusieurs années en fait d'exploitation de mines tant soit peu rationnelle. Comme en bien d'autres sujets, l'Assemblée constituante n'a fait que démolir; il appartenait à la Convention et au Directoire d'édifier à nouveau.

---

trale des travaux publics, qui devait devenir l'École polytechnique, a jugé d'une façon assez sévère l'École de Sage, peut-être même plus sévèrement qu'elle ne méritait de l'être. Fourcroy avait, en effet, une forte prévention contre Sage, qui l'a accusé d'être l'auteur de son incarcération sous la Convention (*Mémoires historiques et physiques*, 1817, p. 74).

CHAPITRE III.

L'ÉCOLE DES MINES A L'HOTEL DE MOUCHY.

(1794 — 1802).

Le Comité de Salut public, dans son désir d'utiliser toutes les ressources dont la France pouvait disposer pour sa défense, n'avait pas perdu les mines de vue. A la commission des armes et poudres ressortissait spécialement tout ce qui touchait à leur exploitation. Par sa situation au milieu des puissants du jour, Hassenfratz (*) jouissait d'un grand crédit auprès du Comité

(*) Nous avons déjà rencontré Hassenfratz mêlé, à titre relativement secondaire, à l'École de Sage. A l'époque où nous sommes arrivé son rôle prend une réelle importance, et il convient de faire plus ample connaissance avec lui.

Né à Paris le 20 décembre 1755, mort le 26 février 1827, Hassenfratz s'était adonné de bonne heure à l'étude de la chimie et avait été, ainsi que Adet, que nous retrouverons à l'agence des mines, préparateur dans le laboratoire de Lavoisier. Sous-inspecteur des mines en 1785, il publiait en 1787, avec Adet, une nouvelle notation chimique à la suite de la nomenclature de Guyton de Morveau, Lavoisier, Fourcroy et Berthollet. Dès le début de la Révolution, Hassenfratz se lança avec ardeur dans les idées nouvelles. Membre du club de 1789, puis membre important du club des Jacobins, il fut un intime de Danton et prit une part active à la journée du 10 août 1792. Il a siégé dès le début à la Commune de Paris, dont il fut un des membres relativement modérés. En 1792, il était chargé, sous Bouchotte, comme premier commis, de la direction du matériel de la guerre.

Entré dans le corps des mines comme inspecteur à la reconstitution de 1794, il devait, à l'ouverture des cours de l'École des mines, donner des leçons de coupe des pierres et des bois et professer la minéralogie et la géographie physique. Mais le jacobin dominait chez lui, et il quitta ses élèves pour diriger les faubourgs contre la Convention aux journées des 12 germinal et 1er prairial an III (1er avril et 20 mai 1795). Renvoyé devant le

qui l'écoutait volontiers, notamment au sujet des mines. Il avait employé les anciens inspecteurs et fait envoyer notamment Monnet en mission sur des mines de houille. Ce serait, suivant Monnet, d'après les conseils d'Hassenfratz que le Comité de Salut public aurait créé l'*Agence des mines* qui allait réorganiser le corps des mines et l'École.

---

tribunal d'Eure-et-Loir par décret de la Convention du 5 prairial (24 mai 1795), il ne put revenir à Paris qu'après l'amnistie du 4 brumaire an IV (26 octobre 1795).

A partir de ce moment, Hassenfratz paraît avoir renoncé à tout rôle politique et il ne s'occupa guère plus que d'enseignement.

Il avait déjà professé un cours d'administration militaire à l'École de Mars. Mais son véritable enseignement fut celui qu'il donna à l'École polytechnique et surtout à l'École des mines.

A l'École polytechnique il a professé la physique et la physique céleste dès l'organisation régulière de l'enseignement en 1795; son *Cours de physique céleste* a été publié en 1803 (1 vol. in-8).

A l'École des mines de Paris, ses premières leçons l'amenèrent à publier un *Cours de minéralogie* en 1796 (1 vol. in-8), et un *Traité de l'art du charpentier* (1804, in-4°).

En 1796, il commença à professer la métallurgie qu'il devait continuer à enseigner sans interruption pendant vingt-six ans jusqu'à sa mise à la retraite en 1822, à l'âge de soixante-sept ans.

Le gouvernement de la Restauration, contrairement aux renseignements donnés par la plupart des biographies, le laissa, en effet, sept ans, malgré ses antécédents révolutionnaires, dans ses fonctions d'inspecteur divisionnaire des mines et de professeur à l'École des mines.

Arago, dans ses mémoires, s'est beaucoup amusé à ses dépens; il l'a représenté comme un des professeurs de l'École polytechnique au-dessous de sa tâche et partant sans autorité ni crédit auprès des élèves. Par la variété des matières sur lesquelles il a enseigné on ne peut lui contester une grande souplesse d'intelligence. Au jugement de critiques compétents son enseignement métallurgique n'était pas sans valeur. Son ouvrage principal en ces matières a été sa *Sidérotechnie* (4 vol. in-4°, 1812); il a donné, en outre, un *Traité de l'art de calciner les pierres calcaires* (1825, in-4°).

Par un arrêté du 1er juillet 1794 (13 messidor an II) (*), le Comité de Salut public créait, sous l'autorité de la commission des armes et poudres d'abord, puis sous son autorité directe en vertu de la loi du 24 août 1794 (7 fructidor an II), une agence des mines qui devait être composée de trois membres nommés par le Comité de Salut public.

L'agence des mines avait sous sa direction immédiate le corps des mines composé d'inspecteurs, d'ingénieurs et d'élèves dans les conditions fixées par un arrêté subséquent du 6 juillet 1794 (18 messidor an II); l'agence pouvait correspondre directement avec tous les concessionnaires et exploitants de mines, ce qui lui assurait en quelque sorte une administration directe du service. Un arrêté du 24 messidor an II (12 juillet 1794) mit à la disposition de l'agence des mines, afin d'y établir ses bureaux et dépendances, l'hôtel de Périgord, ou pour employer le langage du temps la maison Périgord, située rue de l'Université et contiguë à l'hôtel de Mouchy, en même temps qu'un arrêté du même jour lui remettait cet hôtel pour y établir l'École des mines et la conférence des ingénieurs.

L'agence fut constituée immédiatement avec Gillet de Laumont, Lefebvre d'Hellancourt et Dabancourt qui, un mois après, était remplacé par Adet (**), remplacé lui-même, le 22 septembre 1794, par Lelièvre.

(*) Les actes officiels principaux de la période intermédiaire ont été publiés par M. Lamé Fleury, dans le tome II de son *Recueil des lois, décrets, ordonnances... concernant le service des ingénieurs des mines* (2 vol. in-8, 1856-1857).

(**) En parlant d'Hassenfratz dans la note de la page 39, nous avons signalé Adet, né à Nevers le 18 mai 1763, qui avait été avec lui préparateur chez Lavoisier, avait publié avec lui, à la suite de la nouvelle nomenclature chimique, un nouveau système de notation chimique et était secrétaire des *Annales de chimie* fondées en 1789. Adet a été par la suite Envoyé de la République aux États-Unis, puis préfet à Nevers.

Lelièvre (*), Gillet de Laumont (**) et Lefebvre d'Hellancourt (***) allaient pendant de longues années jouer un rôle prépondérant dans l'administration des mines. Nous dirons leur rôle spécial dans la création et le fonc-

---

(*) Lelièvre, né à Paris le 28 juin 1752, mort le 18 octobre 1835, était entré à l'École des mines de Sage à la première promotion de 1783; le 24 juin 1784, il sortait breveté. Au moment de la réorganisation du corps, en 1794, avant d'être placé dans l'agence, il était chargé d'essais au laboratoire de la Monnaie, et faute de charbon il lui arrivait parfois de n'y pouvoir procéder; mais son extrême habitude de la minéralogie lui permettait souvent de faire connaître son opinion d'après les caractères minéralogiques de la substance.

Son habileté pour la détermination des minéraux était exceptionnelle; Haüy, qu'il a beaucoup aidé à ce point de vue, s'est fait un plaisir de le reconnaître.

Dès la réorganisation de l'Institut, en 1795, il fit partie de la classe des sciences mathématiques et physiques, et plus tard de l'Académie des sciences.

(**) Gillet de Laumont, né à Paris le 28 mai 1747, mort à Paris en 1835, la même année que son collègue Lelièvre, était capitaine commandant aux grenadiers royaux, qu'il quitta en 1784 pour se livrer plus complètement à l'étude de la minéralogie avec les savants qui cultivaient alors cette science, et la même année il était nommé inspecteur des mines.

Il a fait partie de la nouvelle Académie des sciences depuis sa création.

(***) Lefebvre d'Hellancourt, né en 1759, mort le 9 janvier 1813, allait entrer dans le génie lorsque fut créée, en 1783, l'École de Sage. Il fut de la première promotion de cette école avec son collègue Lelièvre; il en sortait breveté avec lui en 1784.

On attribue à Lefebvre d'Hellancourt la rédaction des deux instructions ministérielles qui ont commenté les lois de mines des 28 juillet 1791 et 21 avril 1810; la première est la célèbre instruction signée par Chaptal, à la date du 7 juillet 1801 (18 messidor an IX), qui, on le sait, pour rendre applicable la loi de 1791, dut en donner une interprétation consistant presque en une transformation; l'autre instruction, encore plus connue, est notre instruction du 3 août 1810. Peut-être trouverait-on dans cette communauté d'origine l'explication de certaines erreurs contenues dans l'instruction de 1810, qui donne parfois des règles exactes dans le système de la loi de 1791, mais inconciliables avec celui de la loi de 1810.

tionnement de l'École. Comme membres de l'agence des mines, puis comme membres du conseil des mines, qui remplaça l'agence, sous le Directoire, à partir de la loi du 22 octobre 1795 (30 vendémiaire an IV), ils ont tous trois administré en réalité directement le département des mines jusqu'à ce que le gouvernement ait repris quelque autorité sous le Consulat; leur influence est ensuite restée prépondérante auprès de l'administration supérieure jusqu'à la réorganisation du service qui suivit la loi du 21 avril 1810 et le décret du 18 novembre 1810. Si à partir de cette réorganisation, ils n'ont plus eu une part aussi directe dans l'administration, ils ont conservé jusqu'au début du gouvernement de Juillet une influence prépondérante dans le conseil général des mines, et surtout dans le conseil de l'École rétabli à Paris à partir de 1816, conseil qui, pendant toute cette période, administrait directement l'École. Lefebvre d'Hellancourt, mort en 1813, a été remplacé par Guillot-Duhamel fils, qui, autant par lui-même que par les traditions qu'il tenait de son père, mérite d'être réuni à Lelièvre et Gillet de Laumont. Tous trois restèrent à la tête des deux conseils jusqu'en 1832; Lelièvre, qui les présidait depuis leur création, et Gillet de Laumont se retirèrent à cette date, après y avoir siégé pendant 38 ans, et tous deux s'éteignirent, presque nonagénaires, dans la même année 1835.

Tous ceux qui ont été à même de connaître ces trois ancêtres, de recueillir des témoignages directs et autorisés sur leur administration (*), ont été unanimes à proclamer le souci profond de la justice et l'intégrité scrupuleuse avec lesquels, sans se laisser détourner par aucune influence étrangère, ils s'acquittèrent de leurs délicates fonctions au milieu des intrigues et des malver-

(*) Voir Notices nécrologiques : de Lelièvre, par de Bonnard, *Annales des mines*, 4e série, t. VII; de Gillet de Laumont, par Héricart de Thury, *Annales des mines*, 3e série, t. VI.

sations du Directoire. Hommes de bien, modestes, sans ambition aucune, tous trois ont rendu les plus grands services; ils ont été tous trois, dès l'aurore de l'organisation de notre administration, les dignes modèles de tous les sentiments qui ont fait depuis l'honneur et la force du corps des mines (*).

L'agence créée et constituée, un arrêté du Comité de Salut public du 6 juillet 1794 (18 messidor an II), en conformité de celui pris cinq jours auparavant, organisa le corps des mines et posa les bases de l'institution d'une nouvelle École des mines. Il devait y avoir, sous l'autorité de l'agence des mines, huit inspecteurs, douze ingénieurs subordonnés aux inspecteurs, et quarante élèves attachés aux inspecteurs et ingénieurs pour leur servir d'aides. La liste des premiers inspecteurs et ingénieurs devait être dressée par l'agence et approuvée par le Comité de Salut public; ils devaient être choisis parmi les anciens inspecteurs ou ingénieurs, ou parmi les directeurs des travaux de mines ou autres personnes ayant les connaissances nécessaires pour en remplir les fonctions (art. 2) (**).

(*) Monnet (ms. : *Essai historique sur les mines*) pense que le choix du Comité de Salut public s'était fait sur les indications de Hassenfratz qui, en plaçant dans l'agence deux de ses anciens élèves, Lelièvre et Lefebvre, espérait la dominer. En quoi, fait observer Monnet, il s'est bien trompé. Mais aussi quelle différence entre la modestie et la droiture des uns, l'agitation bruyante et la bassesse de l'autre!

Monnet, devant qui personne ne semble avoir trouvé grâce dans ses manuscrits, n'a pas un mot dur ou amer contre les trois membres de l'agence, encore qu'il leur fût subordonné.

(**) Cette première liste était ainsi constituée à la date du 6 octobre 1794 :

Inspecteurs : Guillot-Duhamel père, Monnet, Hassenfratz, Faujas de Saint-Fond, Schreiber, Vauquelin, Baillet du Belloy (1 place restée vacante que paraît avoir occupée Picot de la Peyrouse).

Ingénieurs : Guillot-Duhamel fils, Lenoir, Miché, Laverrière, Odalin, Giroud, Blavier, Anfry, Muthuon, Mathieu (de Valenciennes), Mathieu (de Moulins), Brongniart (Alexandre).

Les élèves devaient être nommés à la suite d'un examen public où l'on devait faire preuve de connaissances relatives à la métallurgie, à la docimasie et à l'exploitation des mines (art. 2).

En réalité, l'École que prévoyait l'arrêté n'était pas instituée à proprement parler pour les élèves déjà entrés dans le corps; ceux-ci étaient appelés à s'y former sous la conduite et la direction des ingénieurs et inspecteurs; l'École paraissait destinée plutôt aux personnes qui voulaient se familiariser avec les connaissances de l'art des mines et de la métallurgie et notamment aux jeunes gens qui désiraient concourir pour les places d'élèves des mines. En effet, d'après l'art. 17, les inspecteurs, qui devaient passer à Paris quatre mois d'hiver à partir du 30 vendémiaire, devaient, du 16 brumaire jusqu'au 14 pluviôse, faire dans la maison destinée à l'agence et à la conférence des mines, c'est-à-dire aux réunions bidécadaires des inspecteurs et ingénieurs (*), des cours publics et gratuits sur : 1° la minéralogie et la géographie physique (**); 2° l'extraction des mines; 3° la docimasie ou l'essai des mines; 4° la métallurgie ou le travail des mines en grand. Il de-

(*) Monnet (ms. : *Essai historique sur les mines*) dit que la conférence se réunissait les mercredi et dimanche et qu'on était mis à l'amende quand on manquait aux séances.

(**) Sous ce nom apparaît pour la première fois la science, encore à l'état plus que rudimentaire, qui allait bientôt devenir la géologie et dont la moindre trace ne paraît pas avoir existé dans l'école de Sage.

Le mot de géologie avait bien été employé antérieurement en France, mais avec un sens différent de celui qu'il devait avoir plus tard. Dans le mémoire des officiers du Jardin des Plantes annexé à la séance du 20 août 1790 (*Arch. parlement.*, t. XVIII, p. 185) de l'Assemblée constituante, on relève parmi les douze chaires dont on proposait la création, une chaire « pour un cours de géologie et pour l'instruction de naturalistes voyageurs ayant pour objet : la théorie générale du globe et plus particulièrement celle des montagnes, les notions topographiques nécessaires aux voyageurs pour reconnaître et recueillir les productions natu-

vait y avoir deux leçons par décade de chacun de ces cours. Ces cours étaient si peu faits pour les élèves entrés dans le corps, qu'il était spécifié (art. 18) que, pendant les quatre mois d'hiver passés à Paris par les inspecteurs et ingénieurs, les élèves devaient être envoyés sur une exploitation de mines pour y prendre des leçons de pratique. Les cours paraissaient donc destinés plutôt à ceux qui voulaient passer l'examen nécessaire pour être nommés élèves. L'agence, on le verra, comprit et appliqua l'arrêté sur un plan bien différent, à la fois plus ample et plus rationnel.

Pour établir l'École et la conférence des ingénieurs, l'arrêté du 24 messidor an II (12 juillet 1794) qui avait remis à l'agence l'hôtel Périgord pour son service propre, lui remit l'hôtel contigu de Mouchy, 293, rue de l'Université, affecté plus tard au dépôt de la guerre (*). L'agence devait y installer une bibliothèque, un laboratoire d'essais, des collections de modèles, un cabinet de minéralogie « contenant toutes les productions du globe et toutes les productions de la République rangées suivant l'ordre des localités (**) » (art. 19).

Pour aider à former les collections de la nouvelle institution, on mit à sa disposition la collection de minéralo-

---

relles des divers pays du monde, les instructions relatives aux gîtes de minerais, le dénombrement des richesses minérales propres aux quatre-vingt-trois départements de la France, et enfin l'art de préparer et de conserver toutes les productions de la nature ».

(*) Au milieu de 1814 seulement, comme nous le dirons par la suite, l'administration des mines abandonna l'hôtel de Mouchy. Il formait le n° 71 de la rue de l'Université avant le percement du boulevard Saint-Germain qui l'a fait disparaître. Sur la partie de son emplacement restée à l'administration de la guerre a été partiellement élevé le bâtiment du ministère en façade sur le boulevard.

(**) Il faut voir là l'origine des collections statistiques départementales qui figurent encore à l'École des mines avec un si grand développement.

gie de Guettard, par arrêté du Comité de Salut public du 26 fructidor an II (12 septembre 1794); les modèles et la bibliothèque de Dietrich, par arrêté du 28 fructidor an II (14 septembre 1794) (*). Un arrêté de la commission temporaire des arts du 28 brumaire an III (18 novembre 1794) avait également attribué à l'agence des mines une partie de la bibliothèque de Lavoisier sur la physique, la chimie, la minéralogie et la métallurgie; mais on sait que Mme Lavoisier put se faire restituer peu après tous les biens de son mari (**). La collection de minéralogie de Joubert fut, en outre, acquise après décès, par autorisation du Comité de Salut public du 9 frimaire an III (29 novembre 1794). Les collections de l'agence des mines avaient également reçu une part de divers cabinets saisis par le Comité de Salut public ou la commission temporaire des arts (***).

Toutefois les collections vraiment scientifiques ne paraissent pas avoir été jamais bien riches à l'hôtel de Mouchy. Le nombre des échantillons a fini par être relativement considérable, quelque 100.000 échantillons ou objets en 1814; mais ces collections consistaient presque exclusivement en suites assez peu méthodiques de roches, de produits de mines et d'usines, réunis par les inspecteurs dans leurs tournées ou envoyés par les exploitants et usiniers.

Le premier concours pour le choix des élèves eut lieu, suivant un arrêté du Comité de Salut public du 16

(*) Nous n'avons pu savoir si la collection de Guettard n'avait pas été restituée comme celle de Lavoisier. Celle de Dietrich, en tout cas, paraît avoir été retenue d'après les anciens catalogues conservés à l'Ecole.

(**) V. *Lavoisier*, par Ed. Grimaux, p. 312 et suiv.

(***) Les vieux catalogues de l'École portent la trace de ces acquisitions. On y voit notamment une suite de 500 échantillons indiqués comme provenant du cabinet du séminaire de Saint-Sulpice.

fructidor an II (2 septembre 1794), du 20 au 30 fructidor (6-26 septembre).

Les connaissances exigées étaient : 1° les éléments de géométrie jusque et y compris les sections coniques; 2° les éléments de statique; 3° l'art des projections, le levé et le dessin des plans; 4° des notions de physique générale et de chimie. L'arrêté rappelait cette règle, appliquée également aux examens de l'École polytechnique, que l'examinateur devait s'attacher moins à reconnaître les connaissances actuelles du candidat qu'à s'assurer de son intelligence. On voit, en tout cas, combien ce programme de culture scientifique générale différait du programme d'enseignement spécial sur lequel, d'après l'arrêté du 18 messidor précédent, auraient dû être interrogés les aspirants aux places d'élèves. L'École, suivant un plan différent de celui de cet arrêté, mais plus rationnel, allait, en effet, fonctionner pour eux.

A ce premier concours de septembre 1794 deux élèves seulement furent admis : Brochant de Villiers (*) et Trémery. Mais, ainsi du reste que l'arrêté de convocation

(*) Brochant de Villiers, né le 6 août 1772, mort le 16 mai 1840, était allé en Allemagne, en 1791-1792, entendre Werner à Freyberg avec l'intention d'entrer ensuite à l'Ecole des mines de Sage qu'il trouva dispersée à son retour en France. En novembre 1793, il fut admis à l'Ecole des ponts et chaussées qui était la seule école spéciale restée debout dans la tourmente révolutionnaire. Reçu l'année suivante au premier concours pour l'Ecole polytechnique, il fut du nombre de ces brigadiers auxquels Monge devait faire donner un entraînement spécial pour servir de moniteurs à leurs camarades de l'Ecole polytechnique. Son goût déjà ancien pour la minéralogie lui fit préférer l'Ecole des mines dès sa constitution en 1794. Au reste, il commença là aussi, à son arrivée à l'Ecole, ces fonctions de moniteur, pour prendre ensuite, dès la translation de l'Ecole des mines à Pesey, la chaire de minéralogie et géologie qu'il ne devait quitter officiellement que trente-trois ans après, en 1835, par une démission qu'il donna pour permettre de scinder son cours en deux cours distincts de minéralogie et de géologie, et d'en charger respectivement, comme professeurs titulaires, ses deux

l'avait déjà indiqué, des examens successifs eurent lieu chaque mois jusqu'à la fin de l'hiver, de façon à compléter le nombre réglementaire d'élèves (*).

Les trois dignes membres de l'agence crurent, en effet, devoir ouvrir largement les portes de la maison qu'ils administraient de façon à en faire un lieu de refuge et d'abri pour beaucoup à qui la vie matérielle devenait singulièrement difficile au milieu de la tourmente. Ils eurent ainsi l'honneur, en les faisant admettre dans le corps des mines, d'abriter des savants tels que Vauquelin, Dolomieu, Faujas de Saint-Fond, Picot de La Peyrouse. En donnant à l'École une organisation plus complète que celle primitivement prévue, ils purent faire une place à Haüy, Tonnelier, Mocquart, Coquebert de Montbret, Silvestre, Beurard, Clouet. Ceux qui, plus jeunes, voulaient s'instruire, trouvaient à titre d'élèves, dans l'hospitalière maison de la rue de l'Université, comme les savants qui devaient les former, non seulement une protection que leur assurait le crédit des membres de l'agence auprès du tout puissant Comité de Salut public, mais encore des facilités d'existence matérielle qui n'étaient pas à dédaigner dans de pareils temps (**).

Ainsi s'explique, tout à l'honneur des membres de l'agence, le développement du personnel groupé autour d'eux (***). Ils se montraient pour lui, et surtout pour les

---

collaborateurs de la carte géologique Dufrénoy et Elie de Beaumont.

En 1816, Brochant de Villiers avait succédé à l'Académie des sciences à Guillot-Duhamel père.

(*) Le classique *Répertoire de l'Ecole polytechnique*, dû à Marielle, donne, p. 253, la liste de ces quarante ou, d'après ce répertoire, de ces trente-neuf élèves.

(**) Un arrêté du Directoire exécutif du 15 mai 1796 (26 floréal an IV) assurait aux inspecteurs, ingénieurs et élèves des rations de vivres, de bois, un habit complet, une paire de bottes et une paire de souliers.

(***) De Bonnard (*Annales des mines*, 4e série, t. VII, p. 513)

jeunes gens, pour les élèves, pleins d'une sollicitude vraiment paternelle. Lelièvre et Gillet de Laumont rivalisaient particulièrement de soins et d'attentions pour eux.

Il semble que, par un sentiment bien digne d'âmes aussi élevées, leur protection se faisait d'autant plus effective que ceux sur qui elle s'étendait en avaient un plus grand besoin. Ainsi furent logés dans la maison même de l'agence Haüy, Tonnelier et Clouet, qui étaient tous trois dans les ordres : Haüy, comme conservateur des collections ; Tonnelier, comme garde du cabinet de minéralogie ; Clouet, comme bibliothécaire. Les membres de l'agence n'auraient-ils contribué qu'à éviter à Haüy le triste sort dont Monge, Fourcroy et Hassenfratz ne surent pas préserver Lavoisier, cela suffirait pour qu'on honorât leur mémoire. Il n'est pas jusqu'au nom officiel donné par eux à leur institution : Maison d'instruction de l'agence des mines, qui ne reflète la modestie et le grand cœur de ses fondateurs.

L'ouverture des cours fut annoncée pour le 1er frimaire an III (21 novembre 1794); l'agence faisait connaître qu'il serait fait deux fois par décade pour chaque cours des leçons publiques et gratuites : de docimasie, par Vauquelin (*); de minéralogie et de géographie physique, par Hassenfratz, les leçons de cristallographie de ce

---

rapporte que ce fut à dessein que les membres de l'agence fixèrent au chiffre exorbitant de quarante le nombre des élèves afin de pouvoir abriter plus de monde.

Monnet (ms : *Essai historique sur les mines*) porte à quatre cent cinquante le nombre total des personnes qui dépendaient de l'agence et qui, l'hiver, se trouvaient donc réunies dans la maison d'instruction. Il faut croire à quelque forte exagération.

(*) Vauquelin (né en 1763, mort en 1829), était l'élève, le disciple et l'ami de Fourcroy, et l'on a prétendu que bien des travaux attribués à celui-ci étaient dus à celui-là. On peut dire que Vauquelin a créé en France l'enseignement de la docimasie ou de la chimie analytique minérale dans le cours par lui professé à l'École des mines de 1794 à 1801. Vauquelin quitta l'École des mines pour

cours devant être faites par Haüy; d'extraction des mines, par Guillot-Duhamel père, et, en son absence, par Laverrière; de métallurgie, par Schreiber (*), et, en son absence, par Giroud, Miché et Muthuon.

Les cours devaient avoir lieu à 11 heures du matin : la docimasie, les primidi et sextidi; la minéralogie, les décadi et septidi; l'exploitation, les tridi et octodi; la métallurgie, les quartidi et nonodi.

Indépendamment des quatre cours relatifs à l'enseignement spécial, officiellement prévus dans l'arrêté d'organisation, l'agence annonça qu'il serait fait des leçons

---

aller enseigner au Collège de France, puis, à la mort de Fourcroy, en 1809, à l'École de médecine; il ne garda pas d'attaches avec le corps et l'École des mines; mais il avait formé des élèves qui devaient continuer son enseignement en l'élevant et l'étendant encore.

On doit notamment à Vauquelin la découverte de la glucine et du chrome.

Il était de l'Académie des sciences.

Son éloge historique a été prononcé par Cuvier (*Mémoires de l'Académie des sciences*, t. XII).

(*) Schreiber, né en Saxe le 5 août 1746, est mort à Grenoble, inspecteur divisionnaire des mines, le 10 mai 1827; élève de l'École de Freiberg, il était occupé dans les mines d'Allemagne, lorsqu'il fut choisi, à la demande de Monsieur, comte de Provence (depuis Louis XVIII), pour venir prendre, en septembre 1777, la direction des mines d'Allemont (Dauphiné), concédées en 1776 à Monsieur. Schreiber s'acquitta de cette tâche avec succès pour le compte de Monsieur jusqu'en 1792, puis continua pour le compte du Domaine jusqu'en 1802, date à laquelle il prit la direction des mines et de l'École de Pesey-Moutiers, à l'occasion desquelles nous aurons à reparler de lui.

En 1784, il avait reçu le brevet d'inspecteur honoraire des mines, et en 1794 il avait été placé sur la première liste des inspecteurs. Après la dispersion de l'École française de Pesey, la Savoie fit à Schreiber des offres magnifiques pour continuer à diriger ces institutions à son compte; mais Schreiber était devenu français de cœur; il les refusa et se retira à Grenoble, où l'administration, par une mesure d'exception en sa faveur, lui permit de résider, encore que ce ne fut pas le chef-lieu de la division dont il était l'inspecteur. Il mourut, entouré de l'estime générale

et conférences sur d'autres matières d'enseignement général. Haüy devait professer publiquement et gratuitement la perspective et la physique générale; Tonnelier, garde du cabinet de minéralogie, les éléments de mathématiques; Hassenfratz, la coupe des pierres et des bois, ayant pour adjoint Brochant de Villiers; Clouet (*), bibliothécaire-adjoint, devait enseigner les principes de l'allemand.

Les leçons de perspective et physique générale devaient avoir lieu les quintidi et décadi, à 11 heures; celles de mathématiques, les duodi, quintidi et octodi, à 9 heures du matin; celles de coupe des pierres et des bois, le décadi, à 9 heures.

Il ne paraît pas que ce programme ait été entièrement rempli. D'après une note du *Journal des mines*, les seuls cours professés en l'an III auraient eu pour objet les mathématiques et la mécanique, la minéralogie, la docimasie, la physique, le dessin et l'allemand; ils auraient été faits par Haüy, Tonnelier, Vauquelin et Clouet, etc.

En même temps que s'organisait, par les soins de l'agence des mines, cet enseignement spécial sur les mines, que se fondait, en fait, l'École des mines, la Convention

---

d'une population qui avait appris à le connaître depuis un demi-siècle, entre les bras de Gueymard auquel il était tendrement attaché.

Schreiber a publié, en 1778, une traduction du *Traité d'exploitation* de Délius (2 vol. in-4°), qui avait paru en 1773.

(*) Clouet enseignait déjà les langues à l'École de Sage. Il faudrait prendre garde de confondre ce modeste abbé avec son homonyme, membre associé de l'Académie des sciences, professeur de chimie à l'École du génie de Mézières, qui fit des travaux si remarqués et si remarquables sur la préparation en grand de l'acier fondu, et mourut en 1801, à Cayenne, où il était allé faire des études d'histoire naturelle.

La confusion serait possible par suite d'une erreur commise dans les tables du *Journal des Mines* qui mêlent sous ce même nom de Clouet les modestes traductions du bibliothécaire et les savants travaux du chimiste.

s'occupait de créer et d'organiser l'École polytechnique. Ces deux institutions étaient appelées à se donner l'une à l'autre un tel appui, leurs destinées se sont tellement pénétrées respectivement dès leur origine, de façon à exercer une telle influence sur leur avenir, qu'il est indispensable de rappeler ici les modifications successives de l'enseignement de l'École polytechnique à ses débuts (*).

Le décret de la Convention du 11 mars 1794 (21 ventôse an II), qui avait créé la commission des travaux publics, l'avait chargée (art. 4) d'étudier l'établissement d'une école centrale des travaux publics, école destinée à acquérir une telle célébrité sous le nom d'École polytechnique à elle donnée par la loi du 1er septembre 1795 (15 fructidor an III). Le 30 novembre 1794 (10 frimaire an III) entra, dans les bâtiments du palais Bourbon à ce destinés, la première promotion de 400 élèves (**); presque simultanément avait lieu l'entrée de la première promotion à l'École des mines située tout à côté (***).

Dans sa première organisation de 1794, sous l'influence de Monge, l'École polytechnique, avec des cours d'une durée de trois ans, devait être à la fois une école de haute théorie et une école d'application pour toutes les constructions civiles et militaires, y compris la conduite des mines, qui devait y faire l'objet d'un cours spécial. On

(*) V. Pinet, *Histoire de l'École polytechnique*, Paris, 1887, Baudry, 1 vol. in-8°.

(**) Nous laissons de côté l'École préparatoire dans laquelle Monge instruisit auparavant ceux destinés à devenir les brigadiers-moniteurs de leurs camarades; parmi ces brigadiers se trouvait Brochant de Villiers.

(***) C'est ce voisinage qui permettait plus facilement aux élèves de l'École des mines de se glisser fréquemment dans l'amphithéâtre pour suivre les cours de l'École polytechnique, dont les élèves, on le sait, n'étaient pas casernés et ne portaient pas d'uniforme à l'origine. L'uniforme fut imposé en l'an VI, en partie pour éviter ces abus (Pinet, *loc. cit.*, p. 20).

voulait, en quelque sorte, avoir en une seule école les Écoles polytechnique et centrale, telles que nous les connaissons aujourd'hui. Dans cette organisation, les écoles spéciales de théorie appliquée, comme celles des ponts et chaussées et des mines, n'auraient plus eu leur raison d'être.

Mais, un an après, en donnant à la nouvelle institution le nom d'École polytechique, la loi du 1er septembre 1795 (15 fructidor an III) revenait déjà partiellement sur cette organisation; l'École polytechnique ne devait plus se substituer aux écoles spéciales; elle devait au contraire leur servir plutôt de substratum commun, en donnant à leurs futurs élèves le haut enseignement théorique qui pouvait effectivement être commun à toutes les professions civiles et militaires.

Toutefois, sous l'influence de Monge qui l'emportait sur celle de Laplace, l'enseignement ne devait pas être exclusivement théorique; il ne devait pas consister uniquement dans la culture des hautes théories mathématiques, physiques et chimiques; une large part devait être faite à l'application de la théorie et aux sciences appliquées dans leurs diverses branches des ponts et chaussées, des mines et des fortifications. Cet enseignement, dans sa partie pratique, ne devait sans doute pas être une véritable préparation immédiate à une profession déterminée, préparation réservée à des écoles spéciales plus pratiques que théoriques; il devait principalement porter sur les généralités de l'application qui sont en quelque sorte communes à toutes les professions, sans toutefois reculer devant l'étude d'applications déjà un peu spécialisées (*).

(*) Le système exclusivement théorique de Laplace devait aller en l'emportant toujours davantage sur le système mixte de Monge. En 1806, on supprimait les cours spéciaux sur les ponts et chaussées, les mines et les fortifications; mais il restait des cours généraux sur les éléments des constructions et des machines,

La loi du 30 vendémiaire an IV (22 octobre 1795) vint confirmer cette organisation en réglant les relations de l'École polytechnique avec les diverses écoles spéciales, et notamment l'École des mines qui se trouve nommée officiellement ici pour la première fois dans la période intermédiaire. Le titre VI, en onze articles, de cette loi (*) était consacré spécialement à l'École des mines ; en même temps, il décidait (art. 1er) que l'agence des mines devenait le conseil des mines, placé auprès du ministre de l'intérieur pour donner son avis sur toutes les questions relatives aux mines. Ce titre VI de la loi du 30 vendémiaire an IV devait, comme nous le verrons, produire entre le conseil des mines et le ministère, pendant plusieurs années, des divergences d'interprétation et de vues dont les conséquences devaient finir par être fort importantes, puisqu'elles contribuèrent à entraîner la disparition de l'École des mines de Paris et son transfert à Pesey-Moutiers.

L'article 2 du titre VI de la loi du 30 vendémiaire an IV (22 octobre 1795) stipulait, en effet, qu'il serait établi une École pratique pour l'exploitation et le traitement des substances minérales près d'une mine appartenant à la République et déjà en activité ou dont on pût commencer et suivre l'exploitation avec avantage ; et il semble bien que le texte de la loi doit s'entendre en ce sens que cette école serait la seule École des mines qui pût exister ; elle devait recevoir « pendant un an, et plus s'il le faut », les élèves du gouvernement ayant passé par l'École polytechnique, déjà classés dans le corps, venant y prendre

---

et sur l'art militaire. En 1811, on supprimait le cours de constructions publiques. Le système de Laplace finit par prévaloir à la réorganisation faite par la Restauration suivant l'ordonnance du 14 septembre 1816 ; tous les cours de travaux civils furent supprimés, sauf celui d'architecture.

(*) Comme dans toutes les lois de la période intermédiaire, les articles sont numérotés distinctement par titre. Ceux rappelés au texte se rapportent au titre VI.

l'instruction pratique ou l'habitude du métier. Les auteurs de la loi semblaient admettre que l'enseignement de l'École polytechnique, entendu suivant la conception de Monge, devait suffire pour tout ce qui pouvait se rattacher directement ou indirectement à la théorie et aux généralités des constructions ; qu'il suffirait d'apprendre la pratique du métier, c'est-à-dire les connaissances relatives, d'une part aux travaux d'exploitation, et d'autre part à la docimasie ou métallurgie, les deux seules matières, en effet, pour lesquelles l'article 8 prévoyait la nomination de professeurs à l'École pratique. Toutefois des élèves, dits externes (*), pouvaient être admis à suivre l'instruction de l'École, à leurs frais (**), pendant un an.

Cette conception, l'expérience l'a du reste amplement démontré, n'était pas exacte, et l'on s'explique bien la résistance motivée du conseil des mines qui, mieux que personne, pouvait sentir qu'entre l'École polytechnique, avec son enseignement de théorie pure plus que de théorie appliquée, et l'École pratique avec ce seul enseignement de la pratique directe du métier, il fallait une école théorique des mines, une école de théorie appliquée. Le système de la loi du 30 vendémiaire an IV n'aurait pu être admissible qu'avec l'organisation première de l'École centrale des travaux publics telle que Monge la concevait à l'origine. Dès qu'on eut dévié de ce type, en admettant qu'il eût été pratiquement réalisable même à la fin du siècle dernier, dès que, sans faire prévaloir encore le système exclusivement théorique de Laplace, on eut appliqué le système mixte de Monge, qui ne laissait plus

(*) A l'article 9 du titre VI de la loi du 30 vendémiaire an IV se trouvent, pour la première fois, l'idée et le nom d'une classe d'élèves de l'École des mines qui s'est perpétuée jusqu'à ce jour, sous cette appellation, avec une importance sans cesse croissante.

(**) Les élèves du gouvernement étaient, en effet, entretenus, c'est-à-dire appointés, bien que non logés ni nourris.

de place ou ne laissait qu'une place insuffisante à des sciences telles que les sciences naturelles, la minéralogie et la géologie, ou aux sciences appliquées, l'ensemble fixé par la loi de vendémiaire an IV devenait réellement insuffisant. On conçoit donc que le conseil des mines, en même temps qu'il s'occupa immédiatement et très activement de l'organisation des écoles pratiques, n'eut pas un instant l'idée que l'École théorique de Paris devait disparaître ; on comprend qu'il se soit efforçé au contraire d'y rendre l'enseignement plus complet, plus étendu et mieux approprié.

Mais auparavant il eut à prendre une mesure qui dut singulièrement peser sur le cœur des trois dignes conseillers. En effet, l'article 3 du titre VI de la loi du 30 vendémiaire an IV avait stipulé la réduction à vingt du nombre des élèves actuels des mines, par voie de concours entre eux. Le résultat de ce concours fut officiellement proclamé le 18 nivôse an IV (8 janvier 1796). Brochant de Villiers était classé le premier. Par mesure transitoire les élèves éliminés purent, pendant les deux années suivantes, concourir avec ceux sortant de l'École polytechnique pour l'obtention des places d'élèves vacantes (*).

D'autre part, le conseil appliqua immédiatement aux élèves de l'École de Paris les diverses mesures sur les examens, les voyages et l'avancement, prévues par le titre VI de la loi de vendémiaire an IV. Un premier con-

---

(*) En se reportant au *Répertoire de l'École polytechnique* de Marielle, p. 253, on peut retrouver ceux des ingénieurs des mines de l'origine provenant de l'École des mines de l'hôtel de Mouchy qui n'ont pas passé par l'École polytechnique, tels que : Beaunier, Brochant de Villiers, Collet-Descotils, Cordier et Lefroy que nous aurons occasion de retrouver au cours de cette notice ; ou comme Brochin, de Champeaux, de Cressac, Héricart de Thury, de Rozières, Trémery, qui ont servi dans le corps, quelques-uns avec éclat, sans avoir été jamais mêlés directement à l'École ; les autres ont immédiatement abandonné le service.

cours eut lieu au début de 1797 pour deux places d'ingénieurs surnuméraires. L'une fut attribuée à Brochant de Villiers et l'autre à un camarade, assez âgé déjà, ayant appartenu à l'École des mines de Sage, moins bien préparé que ceux de la nouvelle École et dont les élèves, à l'instigation de Brochant de Villiers, avaient demandé la nomination sans examen. En dehors des concours de fin d'année, les élèves passaient d'assez fréquents examens. Les voyages entre les cours étaient souvent entravés par le manque de fonds. Ceux que ces considérations n'arrêtaient pas, accompagnaient généralement les professeurs ou les inspecteurs dans leurs tournées.

L'enseignement continua à être donné essentiellement par des cours publics et gratuits conformément au système de l'arrêté d'organisation primitive du 18 messidor an II. Les cours de l'an IV (1795-1796) eurent pour objet la géométrie et la mécanique, la minéralogie, la métallurgie, la docimasie, l'exploitation des mines; les professeurs furent Tonnelier, Haüy, Miché (*), Vauquelin et Guillot-Duhamel fils. En l'an V (1796-1797) eurent lieu les cours suivants : minéralogie par Haüy et Alex. Brongniart; extraction des mines par Baillet du Belloy (**) et Guillot-Duha-

(*) Miché, que nous allons trouver enseignant deux ans de suite la métallurgie, avait déjà enseigné le dessin et l'architecture à l'École de Sage (V. p. 30).

(**) Baillet du Belloy (né à Amiens le 28 septembre 1765, mort inspecteur général des mines en retraite, le 18 juin 1845), inaugura en 1796 un cours dont il devait occuper la chaire sans interruption, pendant 36 ans, jusqu'à sa mise à la retraite en 1832, lors de la réorganisation de l'École au début du gouvernement de Juillet. Baillet du Belloy n'a laissé aucun ouvrage didactique. On n'a de lui que quelques mémoires insérés principalement dans les premiers numéros du *Journal des mines*. Combes, qui lui succéda et qui est un bon juge, a rendu hautement témoignage à l'enseignement de Baillet du Belloy dans la préface de son *Traité d'exploitation*.

mel fils; docimasie, par Vauquelin; métallurgie, par Miché; physique, par Haüy; allemand, par Clouet; géographie physique et gîtes de minerais, par Charles Coquebert de Montbret (*). En l'an VI (1797-1798), on eut la minéralogie par Haüy et Tonnelier; la métallurgie par Hassenfratz; l'exploitation des mines par Baillet; la chimie et la docimasie par Vauquelin; la géologie par Dolomieu (**); en outre, Cloquet donna des leçons de dessin.

(*) Charles Coquebert de Montbret était le rédacteur spécialement chargé, sous l'autorité de l'agence, puis du conseil des mines, de la rédaction du *Journal des mines*, recueil officiel dont la création et la rédaction par l'agence des mines avaient été stipulées dans l'art. 7 de l'arrêté du 13 messidor an II, qui avait constitué l'agence; ces prescriptions avaient été rappelées dans l'art. 20 de l'arrêté du 18 messidor an II, sur l'organisation du corps des mines. Le *Journal des mines*, auquel ont succédé, en 1816, les *Annales des mines*, forme une collection de 38 volumes in-8°, parus à raison de un par an, de 1795 à 1815. Charles Coquebert s'était spécialement occupé, dans les premiers volumes du *Journal des mines*, de la publication par département de statistiques minéralogiques, descriptions de terrains et gîtes minéraux, qui formèrent le prélude de la description géologique de la France, que devaient entreprendre plus tard, sous la direction de Brochant de Villiers, Dufrénoy et Élie de Beaumont. Coquebert de Montbret avait, du reste, utilisé directement tous ces documents pour publier, en 1822, en collaboration avec d'Omalius d'Halloy, un *Essai d'une carte géognostique de la France* « dont le mérite a été universellement et justement apprécié », comme l'a dit Brochant de Villiers dans sa notice sur la carte géologique générale de la France.

(**) Dolomieu ne paraît avoir effectivement professé à l'École des mines que cette seule année le cours de géologie, ou plus exactement de géographie physique, suivant l'appellation de l'époque. Il partit, en effet, pour prendre part à l'expédition d'Egypte. On sait qu'à son retour, ayant fait naufrage dans le golfe de Tarente, il fut détenu dans les cachots de Sicile d'où il ne put être délivré qu'à la paix après la bataille de Marengo. Nommé, pendant sa captivité, professeur au Muséum à la place de Daubenton, il rentra pour y faire, pendant un an, un cours de *Philosophie minéralogique*. Il mourut le 7 frimaire an X (28 novembre 1801), à Châteauneuf (Saône-et-Loire), chez sa sœur, où

A partir de cette époque, l'enseignement paraît s'être assis dans la maison d'instruction du conseil des mines, et l'organisation semble assez régulière pour qu'on puisse dire, qu'en fait, l'École des mines de Paris était fondée et fonctionnait bien. Ce ne sont plus, en effet, comme au début et ainsi que semblait l'indiquer le décret de messidor an II, des leçons faites par des ingénieurs divers se remplaçant les uns les autres, comme s'il ne s'agissait que de conférences ; il y a un vrai professorat, avec des professeurs qui occupent une chaire effectivement et avec continuité ; l'enseignement n'a plus le caractère passager plus spécialement inhérent à la conférence ; il devient didactique, et, pour chacun des quatre grands cours visés directement dès l'origine, l'enseignement dure deux ans.

A côté des professeurs titulaires, certains ingénieurs, ou même certains élèves, étaient désignés comme professeurs-adjoints, tels que Miché pour la métallurgie, Cordier et Picot de La Peyrouse pour la minéralogie. Ils pouvaient suppléer le professeur, donner des conférences ou répétitions, et surtout participer aux examens à faire subir aux élèves pour leur classement.

L'importance déjà prise par l'Ecole fit donner à l'ouverture des cours de l'an VII (1798-1799) une solennité particulière. Après une allocution prononcée au nom du conseil des mines, chacun des professeurs exposa son

---

il était allé chercher un repos bien mérité par tant de fatigues et de tribulations.

Né le 24 juin 1750, Dolomieu, d'abord chevalier de Malte, dut quitter l'île à la suite d'un duel. Il prit du service dans l'armée et se livra de bonne heure à la culture des sciences naturelles et surtout des sciences minéralogiques et géologiques. Il était membre de l'Institut depuis la création.

Ses collections furent recueillies par son beau-frère le marquis de Drée, dont l'inappréciable cabinet devait être acquis pour l'École des mines en 1837.

programme dans un discours inaugural, le tout reproduit dans le *Journal des mines* (*). La docimasie, la métallurgie ou plus exactement la minéralurgie, et l'exploitation des mines étaient enseignées par les professeurs titulaires que nous avons déjà rencontrés : Vauquelin, Hassenfratz et Baillet du Belloy. Alex. Brongniart, qui avait déjà professé en l'an V, fit exceptionnellement le cours de minéralogie, mais en s'excusant, dans sa leçon inaugurale, de remplacer Haüy absorbé par la préparation de son *Traité de minéralogie* (**), et Dolomieu parti pour l'expédition d'Egypte.

En dehors de ces cours publics et gratuits, il y eut trois cours particuliers pour les élèves des mines : géométrie descriptive, par Lefroy, alors ingénieur surnuméraire (***); allemand, par Clouet, bibliothécaire; dessin, par Cloquet.

Pendant les quatre années suivantes, l'enseignement

(*) *Journal des mines*, t. IX : allocution du conseil des mines, p. 167; Discours d'Alex. Brongniart, p. 177; de Vauquelin, p. 189; de Hassenfratz, p. 202; de Baillet du Belloy, p. 209.

(**) La première édition du *Traité de minéralogie* parut en l'an X (1801) en 4 vol.

(***) Lefroy (né en 1771, mort inspecteur général des mines, en retraite, le 3 février 1842), que nous rencontrons pour la première fois, a son nom intimement lié à l'histoire de l'École des mines. Nous le verrons présidant à l'installation de l'École des mines de Moutiers en 1803, la transportant successivement, de 1814 à 1816, de la rue de l'Université au Petit-Luxembourg et à l'hôtel Vendôme. Là, il fut inspecteur sous l'autorité immédiate du conseil de l'École, depuis la réinstallation en 1816 jusqu'en 1836, date à laquelle, nommé inspecteur général des mines, il céda son poste à Dufrénoy qui lui avait été adjoint depuis 1834. Lefroy resta membre du conseil de l'École, et il continua à suivre spécialement, au nom du conseil, l'achat de l'hôtel Vendôme, qui ne fut réalisé qu'en 1837; il présida aux premières appropriations nouvelles qui furent la conséquence immédiate de cet achat.

Lefroy était un des élèves entrés directement à l'École des mines en 1794, sans avoir passé par l'École polytechnique.

continua avec cette régularité qu'il avait acquise dès l'an VII (1798-1799); la dernière année, en l'an X (1801-1802), l'ouverture des cours le 17 frimaire (8 décembre 1801) fut également l'objet d'une annonce étendue dans le *Journal des mines* (*). Haüy avait repris son enseignement; Vauquelin, qui avait donné sa démission le 4 juin 1801, était remplacé par Collet-Descotils (**), un de ses meilleurs élèves, qui venait d'être nommé à sa place conservateur des produits chimiques, directeur du laboratoire de l'administration et de l'École des Mines. Les leçons spéciales de mathématiques et de géométrie descriptive pour les élèves étaient devenues inutiles, puisque ceux-ci ne se recrutaient plus qu'à l'École polytechnique.

Cependant, pour la première fois, l'École venait cette année de recevoir deux élèves externes, par une application à l'École des mines de Paris, de la disposition prévue dans la loi du 30 vendémiaire an IV pour l'École pratique visée par cette loi. Ces deux élèves avaient été envoyés par le préfet de l'Aveyron, qui avait été autorisé par le ministre de l'intérieur à les entretenir aux frais du département.

On conçoit la satisfaction avec laquelle les membres du conseil devaient considérer leur œuvre et le nombreux per-

---

(*) V. *Journal des mines*, t. XI, p. 268.

(**) Collet-Descotils, auquel on doit la découverte de l'iridium, né en 1773, enlevé à 42 ans, le 6 décembre 1815, avait été reçu élève des mines à la première promotion de 1794 et nommé ingénieur en 1798. Il avait été désigné pour prendre part à l'expédition d'Égypte. C'était l'élève assidu et chéri de Vauquelin. Quand l'Ecole fut transportée à Pesey-Moutiers, Collet-Descotils resta à Paris comme directeur du laboratoire du conseil ou de l'administration des mines.

Lorsque les élèves eurent été chassés de la Savoie, avant que l'Ecole ne fut établie à l'hôtel Vendôme, Collet-Descotils, au commencement de 1815, fut nommé directeur provisoire de l'École royale des mines, alors placée au Petit-Luxembourg.

sonnel groupé autour d'eux dans leur maison de la rue de l'Université. L'École polytechnique avait successivement envoyé : 5 élèves en 1797-1798 (dont Gallois, qui a laissé une si grande notoriété à Saint-Étienne); 4 en 1799 (dont Héron de Villefosse, le futur auteur de *La Richesse minérale*); 8 en 1800 (dont de Bonnard, qui a été membre de l'Académie des sciences); 4 en 1801 (dont Berthier, que nous allons incessamment voir à l'œuvre, et Migneron, que ses belles études administratives ont justement signalé). L'arrivée des premiers élèves externes montrait en même temps que l'enseignement donné dans cette École, qui était bien l'œuvre exclusive de nos trois conseillers, commençait à être connu et apprécié.

Elle méritait de l'être, en effet. On est frappé de voir, à quelques années seulement de distance, la différence profonde que cet enseignement élevé présentait avec les connaissances si rudimentaires données à l'École de Sage. Dans ce court espace de temps, les sciences venaient, il est vrai, de franchir un pas immense, et le haut enseignement venait de prendre un puissant essor sous l'influence de la création de l'École polytechnique.

Haüy, avec ses immortelles conceptions dont l'École des mines eut la primeur comme enseignement (*), ve-

---

(*) L'abbé Haüy, né le 28 février 1743, mort à 79 ans, le 3 juin 1822, était le frère aîné de Valentin Haüy. Il était modeste régent au collège du Cardinal-Lemoine, sous le bon Lhomond, lorsqu'il commença à s'occuper de recherches cristallographiques. Ses premières communications à l'Académie des sciences, au début de 1781, passèrent inaperçues ; mais ses travaux ne tardèrent pas à frapper les savants chimistes de l'époque, à ce point qu'en février 1783 l'Académie des sciences lui ouvrait ses portes. Toutefois, ses conceptions ne sortirent pas d'un cercle assez restreint jusqu'à ce que les agents des mines l'appelassent à professer dans leur maison d'instruction en lui fournissant les moyens d'achever ses découvertes et de les propager. Privé par la Révolution de sa pension et du petit bénéfice qui lui permettaient de vivre, il fut incarcéré après le 10 août 1792. De puissantes amitiés le firent

nait de donner à la minéralogie une base rationnelle et scientifique (*); complétée grâce à la chimie nouvelle de Lavoisier, la minéralogie allait pouvoir être définitivement assise. Dolomieu, pour les terrains éruptifs, et Alex. Brongniart pour les terrains sédimentaires, donnaient également à l'École des mines les premières notions rationnelles de la science qui allait se constituer sous le nom de géologie (**).

Vauquelin, avec l'autorité qui appartenait à un tel maître, enseignait, pour la première fois, une véritable docimasie fondée sur les principes que Lavoisier venait de dévoiler et non plus une série de procédés de praticiens (***).

Hassenfratz, en consacrant deux années à l'enseignement de la minéralurgie, suivant le nom alors admis et maintenu si longtemps, avait donné à ce cours un développement embrassant les connaissances qui pouvaient permettre de tirer parti de toutes les substances minérales. Dans la première année, il examinait les agents

---

délivrer le 1er septembre ! Il fut heureux, pour pouvoir traverser la tourmente, de trouver la protection et l'abri de l'agence des mines. Il quitta l'École en 1802 pour aller occuper, après Dolomieu, la chaire de minéralogie du Muséum où il professa jusqu'à sa mort; il était également professeur à la faculté des sciences. Il fut remplacé dans chacune de ses chaires par Brongniart et Beudant, et à l'Académie des sciences par Cordier.

(*) Cuvier, dans son éloge historique (*Éloges historiques*, t. III) a dit de lui :

« Haüy est à Werner et à Romé de l'Isle ce que Newton a été à Képler et à Copernic ».

(**) Le cours de minéralogie et géologie ou géographie physique comprenait deux années, l'une pour la minéralogie proprement dite, l'autre pour la partie purement descriptive correspondant à notre géologie.

(***) Vauquelin faisait son cours en deux années lorsque les élèves n'avaient pas encore passé par l'École polytechnique, parce que dans la première année il lui fallait insister davantage sur les généralités de la chimie. Ultérieurement la docimasie proprement dite ne comprit qu'une année.

minéralurgiques, les détails des procédés, et décrivait les instruments ou appareils ainsi que les matériaux servant à leur construction. Dans la deuxième année on étudiait successivement : la *pétrurgie*, ou l'art de séparer les terres et les pierres utiles dans les arts, ou de les combiner intimement, c'est-à-dire l'art du verrier, du porcelainier, du potier, du briquetier, etc.; l'*halurgie*, ou l'art d'obtenir les combinaisons salines ou le travail des sels; l'*oxyurgie*, ou l'art de fabriquer les acides; la *pyriturgie* ou *pyrurgie*, ou l'art de fabriquer les combustibles, c'est-à-dire la carbonisation du bois, de la houille et de la tourbe; la *métallurgie*, ou l'art d'extraire les métaux; la *chromurgie*, ou l'art de fabriquer les matières colorantes. Ce cours, on le voit par ce programme dont nous avons tenu à conserver la terminologie, comprenait à la fois nos cours actuels de métallurgie et de chimie industrielle.

Dans le cours d'exploitation que Baillet du Belloy professait également en deux années, on voit déjà le programme du double cours dans lequel ce cours devait plus tard se partager rationnellement : l'exploitation et les machines. Outre, en effet, l'exploitation proprement dite et ses annexes de la préparation mécanique et du levé des plans souterrains (*), Baillet traitait, intercalées dans ce cours, un peu comme elles le sont dans le Traité si longtemps classique de Combes, son successeur, des machines motrices à moteurs animés, à eau, à vent, à vapeur, et, avec les machines à eau, de leurs dépendances : digues, étangs, canaux, en un mot de l'hydraulique appliquée dont le rôle était alors si considérable.

Incontestablement un pareil enseignement, donné par de tels maîtres, pouvait être avantageusement comparé à celui de toutes les écoles d'Allemagne. Cet enseigne-

(*) Il faut arriver jusqu'en 1844 pour trouver des leçons de lever de plans distincts du cours d'exploitation des mines.

ment devait être d'autant plus fructueux pour les élèves qu'il leur était donné dans un milieu éminemment favorable à leur entraînement. La maison d'instruction de l'agence des mines avait, dès l'an III, reçu d'assez belles collections minéralogiques qui s'étaient incessamment accrues par les échantillons que chaque année les inspecteurs et ingénieurs rapportaient de leurs tournées; elle possédait un laboratoire richement doté, pour l'époque, en appareils et en produits chimiques divers. D'autre part, à ce moment, tout le corps des mines avait sa résidence à Paris, et pendant quatre mois d'hiver, au retour des tournées, devait se réunir périodiquement en conférence autour des trois conseillers des mines, à l'hôtel de Mouchy.

Primitivement les élèves des mines devaient accompagner les inspecteurs et ingénieurs dans leurs tournées. Mais, plus tard, comme la durée de l'enseignement à l'École dépassait le temps du séjour des ingénieurs à Paris, les élèves furent astreints, pour compléter leur instruction, à faire un stage sur des établissements en activité. Un arrêté du ministre de l'intérieur du 15 prairial an IX (4 juin 1801), homologuant une délibération du conseil des mines, avait décidé que les élèves de 1re classe, c'est-à dire ayant satisfait aux examens pour passer de la 2e classe, dans laquelle on débutait, à la 1re, ne pourraient être nommés ingénieurs surnuméraires qu'après avoir résidé sur des établissements en activité pendant au moins deux campagnes, et avoir été reconnus suffisamment instruits dans la pratique.

En somme, sous l'intelligente direction du conseil des mines, l'École avait trouvé la formule de l'enseignement qui, sous réserve des progrès dans les sciences enseignées, devait être suivi à peu près inaltéré jusque vers la fin du gouvernement de Juillet.

Cette institution, si jeune encore, dont le passé déjà

brillant était plein de promesses pour l'avenir, allait cependant s'effondrer subitement, et, par une singulière ironie du sort, à la suite justement des efforts, qu'il nous reste à relater, que les fondateurs de cette belle œuvre, les trois conseillers des mines, avaient déployés avec une longue persévérance pour la compléter et lui faire porter de meilleurs fruits.

Les cours de l'an X n'étaient pas encore terminés, en effet, qu'intervenait un arrêté des consuls du 23 pluviôse an X (12 février 1802), qui supprimait de fait (*) l'École des mines de Paris pour transporter l'institution en Savoie. Avant de la suivre dans cet exode, nous aurons à dire à la suite de quelles circonstances intervint cette mesure.

L'article 7 de cet arrêté du 23 pluviôse an X confirmait l'existence du conseil des mines, avec ses trois membres, placé à côté du ministre de l'intérieur. Mais, quelques jours après, un autre arrêté du 18 ventôse an X (9 mars 1802), s'inspirant partiellement des mêmes idées, vint disperser le personnel jusque-là resté concentré autour du conseil, en organisant, comme il a subsisté depuis, le stationnement des ingénieurs dans leurs circonscriptions de service, au lieu du système de la résidence générale à Paris, qui avait été jusqu'alors la règle. On conserva toutefois à l'hôtel de Mouchy, où le conseil des mines continua à avoir son siège, le laboratoire de chimie avec ses dépôts de substances chimiques, la plus grande partie de la bibliothèque et des collections de modèles, et surtout la collection des roches et minéraux

(*) Il est curieux de constater que l'arrêté du 23 pluviôse an X ne s'est même pas donné la peine de prononcer la suppression de l'Ecole des mines de Paris. C'est qu'en effet, pour le gouvernement, elle devait être considérée, depuis la loi du 30 vendémiaire an IV, comme n'ayant plus d'existence légale, mais subsistant par mesure transitoire jusqu'à l'établissement de l'Ecole pratique, à installer sur une mine, seule école qui pouvait avoir une existence régulière.

qui s'y trouvait réunie; le tout constitua le cabinet du conseil des mines (*). Tonnelier resta comme garde de la collection de minéralogie, et en 1803 d'Aubuisson (**) fut nommé conservateur adjoint. Collet-Descotils resta également comme directeur du laboratoire; en 1806, Berthier et Guenyveau lui étaient adjoints.

L'installation, où en 1810 s'établit le comte Laumond avec la direction générale des mines à lui confiée à cette date, resta assez vivante rue de l'Université; en 1814, on se préparait à y abriter à nouveau l'École et ses élèves chassés de Moutiers; mais presque aussitôt toutes les installations durent être momentanément transférées au Petit-Luxembourg, ainsi que nous le verrons par la suite.

(*) Postérieurement au départ de l'Ecole, le musée resté à l'hôtel Mouchy reçut de Freiberg une collection de quelque cinq cents échantillons de minéralogie classés suivant la méthode de Werner, et qui formèrent longtemps ce qu'on appela à l'Ecole des mines la collection allemande ou de Werner.

(**) D'Aubuisson de Voisins, né le 17 avril 1769, mort le 20 août 1841, avait pris du service dans l'armée de Condé et, jusqu'à ce qu'il pût rentrer en France, il alla étudier à Freiberg sous la direction de Werner. Peu après son retour, comme il avait perdu toute sa fortune, le conseil des mines le fit nommer adjoint à ses collections, à la suite de quelques mémoires géologiques remarqués. En 1807, le gouvernement ayant demandé avec instance à l'administration des mines quatre ingénieurs, celle-ci, à défaut d'élèves disponibles, fut assez heureuse pour faire nommer d'Aubuisson, par une mesure tout à fait exceptionnelle, puisqu'il n'avait passé ni par l'Ecole polytechnique ni par l'Ecole des mines.

CHAPITRE IV.

RECHERCHES POUR LA CRÉATION D'ÉCOLES PRATIQUES.

(1795 — 1802).

Antérieurement à la loi du 30 vendémiaire an IV (22 octobre 1795), qui avait décidé la création d'une École pratique pour les mines, l'agence des mines s'était déjà préoccupée d'établir une pareille institution. « Nous considérons, écrivaient les agents le 30 mars 1795 (10 germinal an III), l'établissement d'une école pratique comme le principe régénérateur de l'exploitation des mines » (*). Aussi dès que la loi précitée fut rendue, l'agence devenue le conseil des mines s'occupa-t-elle de désigner la mine sur laquelle cette école pouvait être établie. Il est vrai que le conseil ne paraît jamais avoir entendu cette loi comme son texte semblait l'indiquer; il n'admettait pas que l'École des mines de Paris dût disparaître. L'école pratique à créer devait avoir une destination différente. Plus l'École Polytechnique, avec les transformations successives de son enseignement, tendait à devenir une école de haute culture théorique, plus le conseil des mines sentait la nécessité d'avoir entre cette école et l'école pratique une école spéciale de théorie appliquée dans l'École des mines de Paris. Mais le conseil reconnaissait aussi que cette école ne pouvait suffire à la complète et parfaite préparation des ingénieurs du corps des mines. Les membres du conseil, comme tous les ingénieurs un peu distin-

(*) Les renseignements donnés par nous dans ce chapitre sont tirés de documents appartenant aux archives de la division des mines au ministère des travaux publics, que M. Guillain, directeur des routes, de la navigation et des mines, a bien voulu faire mettre à notre disposition.

gués de cette époque, étaient allés faire leur tour d'Allemagne. Frappés de la prospérité et du développement relatifs de l'exploitation des mines dans ce pays, ils devaient avoir ce sentiment, si répandu pendant longtemps encore en France, que l'industrie des mines devait être sinon une industrie d'État, tout au moins une industrie dont l'État devait diriger l'exploitation, soit par l'intervention directe de ses représentants auprès des exploitants, soit par les exemples et l'enseignement à leur donner. Ils pensaient que les ingénieurs de l'État, pour être à la hauteur de leur tâche, pour pouvoir diriger les exploitants en gens non seulement de science mais d'expérience, devaient s'initier par eux-mêmes aux plus petits détails du *métier*(*), tout comme l'officier, pour bien commander la manœuvre à ses soldats, doit l'avoir faite auparavant. Ces idées, qui s'appuyaient sur l'exemple de l'Allemagne, qui ne laissent pas d'avoir aujourd'hui encore leur part de vérité, devaient peser avec d'autant plus de poids alors qu'à cette époque, malgré les grands progrès relatifs des sciences, l'exploitation des mines et la métallurgie dépendaient encore de l'art, que la pratique seule enseigne, beaucoup plus que de la science qui peut s'apprendre dans des cours. L'École pratique, qui ne devait être pour certains élèves que le complément d'un enseignement théorique, devait d'ailleurs suffire aux élèves qui, se destinant à l'industrie privée, ne voulaient faire que de la pratique. Il suffisait pour cela qu'on donnât sur l'établissement à choisir comme complément des opérations industrielles

(*) On le voit bien par l'article 5 de l'instruction sur l'Ecole pratique, que, le 9 mars 1796 (19 ventôse an IV), le conseil soumettait au ministre :

« Les élèves seront obligés de pratiquer eux-mêmes les fonctions de forgerons, mineurs, boiseurs, laveurs, essayeurs, fondeurs, affineurs et maîtres, et ne seront avancés que suivant leur degré de capacité dans chacune de ces parties. »

un enseignement approprié, portant sur l'exploitation des mines et la métallurgie.

Ces projets, tant sur le système d'exploitation des mines que sur l'enseignement spécial de la matière en France, prirent d'autant plus de force dans le conseil des mines que, par suite de nos conquêtes, le pays s'annexait des contrées possédant des mines et usines, nombreuses et relativement importantes, dont plusieurs étaient dévolues à l'État soit par la dépossession de leurs propriétaires, soit par sa substitution aux souverains étrangers qui les possédaient antérieurement.

Après avoir examiné l'état des exploitations dont on pouvait disposer au moment où fut rendue la loi du 30 vendémiaire an IV (22 octobre 1795), le conseil se décida pour celle de Sainte-Marie-aux-Mines. Les gîtes de plomb et cuivre argentifères de cette localité passaient pour avoir donné jadis de beaux produits (*); leur exploitation n'avait été suspendue qu'au moment de la Révolution, et on présumait qu'elle pourrait être remise promptement et à peu de frais en activité notable. Le 19 décembre 1795 (28 frimaire an IV), le conseil proposait donc à Benezech, qui venait de prendre le ministère de l'intérieur, de décider que l'École pratique serait établie à Sainte-Marie-aux-Mines, et le 18 janvier 1796 (28 nivôse an IV) Benezech rendait une décision conforme, sous réserve de ne l'appliquer que lorsque l'on pourrait allouer les fonds à ce nécessaires.

Mais les motifs qui avaient fixé sur Sainte-Marie-aux-Mines le choix du conseil des mines, avaient attiré sur ces gîtes l'attention de particuliers qui en demandaient

(*) Les exploitations de Sainte-Marie-aux-Mines, appartenant au prince des Deux-Ponts, auquel Louis XIV les avait laissées, avaient joui d'une célébrité exceptionnelle dans le troisième quart du XVIIIe siècle, grâce surtout à la rare habileté d'un fondeur du Hartz, Schreiber, qui n'avait du reste que le nom de commun avec le futur directeur de l'Ecole des mines de Pesey.

la concession au Directoire du département, conformément à la loi du 28 juillet 1791; ils étaient chaudement appuyés par les représentants du département. On fit observer au conseil des mines que Sainte-Marie-aux-Mines ne répondrait pas à ses intentions; qu'il n'y avait sur place, ni aux environs, les bâtiments nationaux nécessaire au logement du personnel; qu'il n'existait pas de forêt disponible assez rapprochée pouvant être affectée à l'établissement. On lui assurait que les mines de Giromagny (*) réunissaient au contraire toutes les conditions désirables. Le conseil avait bien d'abord proposé qu'avant de statuer on envoyât Baillet et Guillot-Duhamel fils examiner les choses sur place. Mais vivement pressé par les intéressés, se fiant aux renseignements donnés par les représentants du département et la régie de l'enregistrement, qui avait été consultée, le conseil proposa lui-même à Benezech de revenir sur sa décision; celui-ci, à la date du 3 avril 1796 (14 germinal an IV), désigna Giromagny pour le siège de la future École pratique au lieu de Sainte-Marie-aux-Mines, dont la concession fut définitivement octroyée à ceux qui la demandaient.

(*) Les mines de Giromagny, qui donnaient des plombs et cuivres gris argentifères, avaient été exploitées d'une façon à peu près continue du XIVe siècle à la réunion de l'Alsace à la France. Louis XIV, qui en était devenu propriétaire par la conquête, avait donné le comté de Resmont au cardinal de Mazarin qui s'était attribué la propriété des mines. Elles furent exploitées directement pour le compte de la famille Mazarin jusqu'en 1709; elles furent ensuite successivement affermées jusqu'en 1779, date à laquelle la dernière société fermière sombra et les mines furent inondées. En 1791, par suite de l'annulation de la donation faite à Mazarin, les mines avaient fait retour au domaine.

Baillet du Belloy, rendant compte de la mission à lui donnée par le conseil des mines dans un mémoire inséré au *Journal des mines* de l'an VI, a décrit les anciens travaux de Giromagny et indiqué ceux qui auraient été nécessaires pour reprendre l'exploitation.

A peine cette concession était-elle accordée, le conseil des mines apprit, par des renseignements exacts, que sa bonne foi avait été trompée. La reprise des mines de Giromagny exigeait des travaux considérables et coûteux, aux dépenses desquels le trésor obéré aurait été impuissant à faire face. Pour se procurer les ressources nécessaires, et, en outre, pour constituer un enseignement pratique complet, suivant des idées déjà par nous indiquées et qu'il devait aller toujours en développant, le conseil proposa, le 19 avril 1796 (30 germinal an IV), un nouveau plan à Benezech. Il demandait qu'on lui remît, pour les diriger et exploiter lui-même, outre les mines de Giromagny, les houillères de Ronchamp et Champagney (*), alors en pleine exploitation, et les forges de Belfort et Châtenois (**), également en activité.

Les bénéfices de ces deux exploitations relativement très prospères devaient faciliter la reprise des travaux de Giromagny et, en tout cas, permettre de faire face à toutes les dépenses de l'École pratique et même de l'École théorique de Paris. On aurait ainsi créé, dans un rayon relativement restreint, sous la main directe des ingénieurs de l'État, un groupe ou arrondissement, permettant de donner l'enseignement pratique, tel que l'en-

(*) Les houillères de Ronchamp et Champagney avaient été concédées en 1759 et n'avaient pas cessé d'être en exploitation; elles appartenaient pour une moitié au chapitre de Lure et pour l'autre moitié aux Reinach, seigneurs de Ronchamp. Les de Reinach ayant émigré, les mines étaient devenues en entier propriétés nationales. L'exploitation de ces houillères était réputée rapporter un bénéfice net annuel de 20.000 francs, et en l'an IX, le Domaine recevait des propositions à fin d'amodiation sur la base d'une redevance à la tonne, qui était estimée devoir rapporter annuellement 63.000 francs environ.

(**) Les forges de Belfort et Châtenois appartenaient à la famille Mazarin et, à ce titre, étaient devenues biens nationaux; elles rapportaient annuellement 64.000 francs; elles furent vendues pour 240.000 francs.

tendait le conseil, de constituer un modèle pour toutes les branches de l'art du mineur et du métallurgiste. Le conseil demandait, d'ailleurs, pour pouvoir reprendre à Giromagny l'exploitation des mines et le traitement des substances extraites, qu'on lui remît, prises sur les biens nationaux, toutes les dépendances nécessaires en forêts pour l'approvisionnement des bois et charbons, en pâturages pour la cavalerie, en champs pour les installations; il réclamait le château de Pheningstrum pour y établir le siège de la direction, et le couvent de Picpus, à Giromagny même, pour y installer les professeurs et les élèves.

Ce plan ne fut pas pour déplaire à Benezech, puisque la haute administration de tout cet arrondissement minier et métallurgique serait ressortie exclusivement à son département, bien que la combinaison parût en désaccord avec la loi de vendémiaire an IV, qui ne parlait d'affecter à l'École pratique qu'une mine seulement. Cet argument juridique était de nature à fortifier la violente opposition que l'administration des finances éleva contre un pareil plan. Cette administration tenait essentiellement à vendre, pour se procurer les ressources dont le trésor obéré avait tant besoin, ou tout au moins, en attendant, elle voulait administrer elle-même. Elle était soutenue dans ses idées par les autorités des départements qui poussaient à la vente des biens nationaux, et l'engageaient même par suite du désarroi administratif (*), y apportant d'autant plus d'ardeur que, dans le désordre de l'époque, les administrateurs étaient les premiers à essayer de réaliser, ce qui n'était pas difficile, quelque bonne affaire, pour

(*) Il était très aisé d'engager sur place une pareille affaire au moyen d'une soumission suivie d'un premier versement. Si l'administration des finances tardait à adjuger, le soumissionnaire réclamait en se faisant énergiquement appuyer par les représentants du département, qui alors, comme dans d'autres temps, intervenaient incessamment dans l'administration.

eux ou leurs amis, par un achat à vil prix. Prairies après bois, champs après maisons, morceau par morceau, toutes les dépendances nécessaires à la reprise des mines de Giromagny échappaient au Domaine, malgré les incessantes réclamations du conseil des mines qui demandait qu'on attendit au moins qu'il eût été statué définitivement sur ses propositions. Les forges de Belfort, qui étaient un des pivots de la combinaison, furent adjugées à leur tour sur l'engagement pris par l'acquéreur d'y admettre les élèves qui lui seraient envoyés pour y recevoir l'instruction pratique. A leur place, le conseil des mines demanda qu'on lui attribuât, pour laisser entière la combinaison, les forges d'Audincourt, qui avaient été saisies sur le prince de Montbéliard.

Entre temps le conseil des mines, poussé par les délibérations de la conférence des ingénieurs (*), en présence des nouvelles richesses minérales que les succès de nos armes faisaient acquérir au pays, augmentait encore l'ampleur de son plan en proposant de créer deux autres arrondissements en dehors de celui des Vosges qui devait être plus spécialement affecté à l'École pratique. Ces arrondissements devaient comprendre chacun, suivant la même idée, des établissements prospères et d'autres à relever avec les bénéfices de ceux-là; ils devaient être situés l'un dans les Pays réunis, l'autre dans les Alpes. Le premier aurait compris notamment les mines de plomb de Vedrin, rapportant 3.000 francs, les mines de calamine de Limbourg, qui avaient rapporté 60.000 francs net à l'empereur, et les houillères de Rolduc (**), dont le revenu net était évalué à 40.000 francs au moins; l'arrondissement des Alpes aurait compris les mines d'Alle-

(*) Le plan des arrondissements minéralogiques a été notamment développé dans un procès-verbal circonstancié de la conférence du 23 floréal an VI (12 mai 1796).

(**) Du bassin houiller de la Wurm, près d'Aix-la-Chapelle.

mont et de Pesey, et les forges de Saint-Hugon, jadis aux Chartreux, dont le revenu net de 6.000 francs aurait permis de reprendre l'exploitation des mines.

Toutes ces exploitations étaient à ce moment à la disposition de l'État. Ces arrondissements auraient été administrés directement, comme celui de l'École pratique, par le conseil des mines, sous l'autorité du ministre de l'intérieur; les bénéfices auraient servi d'abord à payer toutes les dépenses du corps des mines et des écoles théorique et pratique; un dixième du bénéfice net aurait été versé au trésor; le surplus des fonds disponibles devait être employé en travaux de recherche, c'est-à-dire en travaux pour ouvrir de nouvelles mines, ou en recherches de nouveaux procédés ou d'améliorations des procédés anciens des mines et des usines. Le conseil des mines pensait que, dans l'état de la science à cette époque, l'administration était seule en mesure de faire, dans cette voie, des tentatives heureuses. En dehors de l'enseignement direct donné dans les écoles au personnel de l'État et de l'industrie privée, le conseil entendait que les exemples donnés par la conduite de ces exploitations modèles fussent un enseignement pour le pays tout entier, convaincu que l'industrie minière et métallurgique devait recevoir, à tous égards, le plus vif essor de cet ensemble de combinaisons. On reconnaîtra sans peine dans tout ce plan l'influence des coutumes allemandes de cette époque.

Pendant que l'administration des mines agitait ces problèmes, sur lesquels on peut être partagé d'opinion, mais dont le haut intérêt n'échappera pas, la question de l'École pratique parut faire un pas sur le terrain des faits. François de Neufchâteau, ayant pris le ministère de l'intérieur, annonça au conseil, en l'an VII, qu'il pourrait allouer 63.600 francs pour l'École pratique de Giromagny, où légalement elle était restée fixée, dont 8.900

francs pour frais d'établissement, 24.700 francs pour le traitement du personnel et 30.000 pour les travaux de mines, et il invitait le conseil à se mettre en mesure d'ouvrir l'école au printemps de 1799. L'affaire n'eut pas de suite parce que les fonds manquèrent.

Aussi bien le conseil, reprenant ses anciennes observations, rappela qu'il lui serait impossible d'organiser et de faire fonctionner utilement l'École à Giromagny si on ne lui remettait pas en même temps, suivant ses anciennes demandes, les houillères de Ronchamp, ainsi que les bois et pâturages jadis affectés aux mines de Giromagny et le couvent de Picpus nécessaire au logement du personnel. Le conflit au sujet de ces affectations persistant entre le ministère de l'intérieur et le ministère des finances, la question dut être soumise au Directoire exécutif, auquel on communiqua en même temps le plan des arrondissements minéralogiques. Le Directoire ne sut pas ou ne voulut pas distinguer la question de l'École pratique de Giromagny de celle des arrondissements, et il rejeta l'ensemble du plan proposé par le conseil « non seulement par la considération du grand nombre des établissements demandés, mais encore par l'inconvénient de les ôter à la régie des domaines et de perdre l'espoir de la grande augmentation de revenu que ses soins doivent procurer dans des temps plus heureux, et par celui de les confier à des mains, très habiles sans doute dans la partie des arts, mais qui n'ont pas le même avantage ni la même tendance du côté de l'administration économique. » (Lettre du ministre des finances au ministre de l'intérieur du 4e jour complémentaire de l'an VIII, 21 sept. 1800.)

Le ministère des finances profita de son succès pour affermer définitivement les houillères de Ronchamp et pour aliéner les pâturages de Giromagny. Toute la combinaison du conseil des mines sur Giromagny s'écroulait. Aussi Chaptal, étant devenu ministre de l'intérieur après le 18 brumaire, annonça au conseil des mines que, puisqu'il persistait à déclarer impossible, dans ces conditions, l'établissement de l'École pratique à Giromagny, il fallait chercher où la placer ailleurs.

En réponse à cette invitation, le conseil lui adressa, le 28 mai 1801 (8 prairial an IX), un travail où il faut aller chercher l'origine de l'arrêté du 13 pluviôse an X (12 février 1802).

Persistant dans l'idée qu'il fallait s'efforcer de donner une instruction pratique détaillée dans toutes les branches de l'art des mines et de la métallurgie, le conseil pensait que l'École pratique devait comprendre quatre sections ou plutôt qu'il fallait quatre écoles pratiques : une pour l'exploitation des mines proprement dite, qu'il était préférable de placer sur une mine de houille ; la seconde pour le traitement des minerais de fer et l'élaboration de ce métal ; la troisième pour le traitement des minerais de plomb et de cuivre et pour la séparation de l'or et de l'argent ; la quatrième pour l'exploitation des salines.

Le conseil proposait de fixer la première école aux houillères de Rolduc et Keskraed (Meuse inférieure) ; la seconde à Geislautern près Sarrebrück ; pour la troisième il remettait à indiquer l'établissement destiné au traitement du cuivre ; il désignait pour l'exploitation et le traitement des plombs argentifères les mines de Pesey et d'Allemont, qu'il fallait réunir à cet effet sous une même direction ; la quatrième école enfin aurait été placée à Lons-le-Saulnier. En indiquant les mines de Pesey qui, d'après les renseignements de Schreiber, permettaient de concevoir à bref délai de grandes espérances moyennant de faibles avances, le conseil faisait observer que « la position de cette école pratique dans un des départements méridionaux contribuera à répandre dans ces contrées le goût de l'exploitation et les lumières propres à la faire prospérer. »

A chacun de ces établissements devait être attaché un inspecteur chargé de la direction et du professorat, un ingénieur pour le seconder, et un comptable (*). L'enseignement aurait été donné gratuitement aux élèves envoyés tant par le gouvernement pour leur instruction pratique, que par des particuliers, ou venus d'eux-mêmes, pour s'instruire.

Les élèves de l'École des mines de Paris auraient été tenus nécessairement à y venir faire un stage, et leur avancement comme ingénieurs surnuméraires n'aurait eu lieu qu'après constatation de leurs connaissances pratiques.

Plus que jamais, le conseil ne pouvait voir dans ces écoles pratiques, pour les élèves du gouvernement, qu'un complément, à un point de vue nécessaire mais spécial, de l'enseignement théorique indispensable qu'il devait prendre d'abord à l'École des mines de Paris. Cette idée, que le conseil avait toujours eue même au lendemain de la loi du 30 vendémiaire an IV, paraissait encore plus rationnelle depuis la loi du 25 frimaire an VIII (16 décembre 1799) qui venait de réorganiser l'École polytechnique. En effet, cette loi, en accentuant encore l'évolution vers la théorie pure que subissait depuis sa création l'enseignement de l'École polytechnique, indiquait nettement que, pour les élèves destinés aux services publics, cette école n'était qu'une préparation aux *écoles d'application*

(*) Le conseil indiquait comme personnel :

Pour Rolduc : inspecteur, Baillet;
— ingénieur, Brochin;
— Geislautern : inspecteur, Hassenfratz;
— ingénieur, Beaunier;
— Pesey : inspecteur, Schreiber;
— ingénieur, Cordier;
— Lons-le-Saulnier : inspecteur, Faujas de Saint-Fond;
— ingénieur, Champeaux.

de ces services, notamment du service des mines (art. 1); et, après avoir dit, dans son article 49, que les programmes d'instruction dans les écoles d'application devaient être arrêtés de manière que l'enseignement y fût en harmonie et entièrement coordonné avec celui de l'École polytechnique, la loi ajoutait dans son article 51 que « l'École de Châlons sera une école d'application pour l'artillerie (*) à l'instar de celle de Metz pour le génie militaire, de celles de Paris pour les ponts et chaussées, les mines et les géographes ». Cette loi, et cet article notamment, paraissaient donc consacrer explicitement l'École des mines de Paris dans des termes tels qu'il était permis de considérer désormais comme implicitement abrogé en droit, ainsi qu'on l'avait jusqu'alors admis en fait, le système de la loi du 30 vendémiaire an IV, n'admettant comme école des mines qu'une école pratique à établir sur une exploitation.

Le conseil des mines devait donc être loin de s'attendre à la décision du 12 février 1802 qui, à son plan si large, substituait cette solution mesquine de créer, en place de l'École de Paris supprimée, deux écoles pratiques : l'une à Geislautern, dans le département de la Sarre, l'autre à Pesey dans le département du Mont-Blanc (art. 1 de l'arrêté des consuls). Dans la première, on devait enseigner l'art de traiter les mines de fer et d'extraire la houille, en même temps qu'on s'occuperait de tout ce qui a rapport aux préparations dont les substances minérales sont susceptibles; dans la seconde, on devait faire connaître tout ce qui a rapport à l'exploitation des mines

(*) On sait que pendant longtemps l'artillerie avait soutenu que son service pouvait se recruter directement par l'Ecole de Châlons sans que ses élèves passassent au préalable par l'Ecole polytechnique. La loi de l'an VIII eut notamment pour but de résoudre définitivement ce conflit et de mettre l'Ecole de Châlons, en tant qu'école spéciale, sous la dépendance de l'Ecole polytechnique.

de plomb, cuivre, argent et des sources salées (art. 2). Chaque école, qui pourrait recevoir dix élèves, au traitement de 600 francs et entretenus aux frais du gouvernement (art. 6), devait être dirigée par un directeur, au traitement de 5.000 francs, et avoir trois professeurs, au traitement de 4.000 francs, nommés par le premier Consul, sur la présentation du ministre et les propositions du conseil (art. 8); l'un des professeurs devait être chargé d'instruire les élèves dans la science pratique de l'exploitation; le second professeur, dans la mécanique et ses applications aux travaux des mines; le troisième devait donner les principes physiques et chimiques nécessaires au minéralogiste (art. 3, 4 et 5).

Cette décision, qui d'ailleurs, on le verra, ne fut pas appliquée à la lettre, est de nature à surprendre; elle dénote à coup sûr dans son programme d'enseignement peu de connaissance des nécessités d'une école des mines dont l'enseignement doit se suffire à lui-même. L'erreur d'appréciation est d'autant plus étonnante qu'on avait l'expérience acquise par huit ans de fonctionnement de l'École des mines de Paris.

Il faut évidemment chercher les motifs de cette décision fâcheuse dans le désir que l'on avait de réaliser des économies importantes dans tous les services publics (*); cette mesure se reliait au système qui amenait à ne plus conserver le personnel des mines en résidence à Paris, mais à l'envoyer désormais résider dans des arrondisse-

(*) Dufrénoy, dans une note sur l'historique de l'Ecole adoptée par le conseil de l'Ecole le 17 décembre 1834, disait : « La suppression de l'Ecole des mines de Paris fut le résultat d'une économie mal entendue. Elle a été regardée comme très fâcheuse; sans doute il était utile de fournir aux jeunes ingénieurs un moyen de suivre les travaux des mines; mais les écoles pratiques ne doivent être que le complément des écoles d'application. »

ments d'inspection, ainsi qu'il fut décidé le 18 ventôse an X (9 mars 1802) (*).

Lorsque plus tard l'École des mines fut rétablie à Paris, le conseil, qui l'administrait, reprit et poursuivit pendant longtemps, sans plus de succès d'ailleurs que pendant la période que nous venons de traverser, cette idée d'écoles pratiques ou d'établissements d'État, dans lesquels les élèves, leur éducation théorique achevée, viendraient se former à l'habitude du métier, en l'exerçant par eux-mêmes dans le moindre détail. En 1837-1838 ces idées furent reprises et agitées, en dehors du conseil de l'École, dans les conseils de l'administration supérieure; celle-ci entra même en pourparlers avec des industriels pour l'acquisition de leurs établissements. En outre de l'enseignement à donner dans ces écoles pratiques, on songeait aussi, il est vrai, à cette époque, à faire de ces établissements d'État des mines ou usines expérimentales, où tous les nouveaux procédés auraient été étudiés. Ces idées sur les usines expérimentales de l'État furent reprises plus tard avec moins de succès encore. Les projets d'écoles pratiques conservèrent longtemps de chauds défenseurs. Lorsqu'en 1847-1848 l'en-

(*) Cette mesure était elle-même dictée principalement par des vues d'économie; jusqu'en 1810, en effet, les ingénieurs résidant dans les départements furent en partie payés par ceux-ci.

Les difficultés budgétaires contre lesquelles on luttait dataient de quelque temps déjà. Le conseil des mines avait dû présenter d'énergiques observations contre les économies qu'en l'an VII, on proposait d'introduire encore dans le budget des mines déjà très émondé. Les appointements des conseillers, inspecteurs et ingénieurs, fixés respectivement en frimaire an IV (décembre 1795) à 8.000, 6.000 et 4.000 francs, avaient été d'abord réduits d'un quart par la loi du 2 nivôse an V (22 décembre 1796), puis ramenés en l'an VII à 5.000, 4.000 et 2.800; on se proposait de les réduire encore en l'an VIII. Le nombre des employés du conseil devait être réduit de treize à sept, et l'on ne voulait donner aucun fonds pour les dépenses du matériel de l'École, bibliothèque et laboratoire.

seignement de l'École de Paris subissait une transformation assez grande, Michel Chevalier donna à ces idées l'appui de son autorité et de son expérience personnelle. Dans une note remise le 15 janvier 1848 à M. Jayr, alors ministre des travaux publics, il faisait observer que les élèves de l'École des mines suivent des cours à Paris, et n'ont d'autre initiation à la pratique que des voyages rapides, où ils stationnent à peine dans les établissements, ne recueillant que des renseignements très sommaires, ne voyant que ce qu'on veut bien les autoriser à regarder, ne prenant aucune espèce de part aux opérations et excitant la méfiance s'ils questionnent de trop près; Michel Chevalier, convaincu qu'il fallait garder l'École à Paris, pour avoir à la fois les collections nécessaires et les professeurs théoriques les plus éminents, pensait donc qu'il fallait astreindre les élèves à passer deux saisons de six mois chacune à l'école pratique qui aurait été installée sur un établissement de l'État, réunissant mine et usine, et de préférence, suivant lui, sur une mine métallique avec minerais complexes; ce n'eût été qu'à la suite de ce stage qu'un voyage serait venu servir de couronnement à cette éducation.

Désireux de nous borner à un simple rôle de narrateur, nous ne croyons pas devoir présenter la moindre observation personnelle sur un sujet qui, si facilement, prêterait aux développements les plus considérables. Il nous suffira pour l'instant, après avoir indiqué les efforts déployés pendant huit ans pour créer des écoles pratiques, de dire ce qu'a été l'école des mines de Pesey, qui s'est le plus rapprochée du type d'une école pratique, sans qu'elle l'ait jamais été effectivement comme on va le voir. Auparavant, quelques mots nous suffiront pour faire connaître la destinée réservée à l'école pratique de Geislautern.

Geislautern est à 12 kilomètres à l'ouest et en aval de

Sarrebrück, sur la Rossel, près du confluent de cette rivière avec la Sarre, au point où, vers le sud-ouest, la formation houillère du bassin de Sarrebrück disparaît sous les grès vosgiens. Le domaine français avait pris possession de tous les biens appartenant aux princes de Nassau-Sarrebrück ; il disposait ainsi de trois forges et de l'ensemble des houillères, comprenant treize exploitations en activité en ce moment, dont celle de Geislautern, qui était spécialement affectée à la forge située dans cette localité (*). L'administration des finances aliéna deux des forges, et la troisième, celle de Geislautern, avec sa fabrique de fer-blanc, fut réservée pour l'École pratique avec la houillère voisine à elle affectée.

Mais cette houillère était à peu près épuisée jusqu'au niveau des vallées ; elle ne fournissait en outre que des charbons de seconde qualité pour chauffage et grilles, impropres à donner du coke. Or, on se proposait de construire à Geislautern deux grands fourneaux au coke. On affecta donc ultérieurement à l'École pratique les houillères de Dutweiler, établies sur les affleurements houillers qui émergent à 6 kilomètres au nord-est de Sarrebrück, et qui étaient à cette date les exploitations en activité les plus rapprochées de Geislautern. Ces exploitations devaient en outre permettre de compléter l'enseignement pratique en matière d'exploitation de mines. Plus tard, pour assurer la bonne marche de l'établissement un décret du 10 août 1811 lui affecta, dans les forêts domaniales et

---

(*) Les autres houillères avaient été affermées, comme elles l'étaient du reste sous les princes de Nassau-Sarrebrück, au prix annuel de 71.000 francs par bail de neuf ans qui avait commencé le 1er messidor an V (9 juin 1797), et qui fut continué d'un commun accord en attendant l'institution des soixante concessions projetées.

Toutes ces houillères, à ce moment, étaient encore exploitées par galeries. Elles produisaient environ 120.000 tonnes par an d'une valeur de 500.000 francs.

communales qui l'entouraient au sud, un périmètre pour la recherche et l'exploitation des minerais de fer.

L'usine ne put être remise au conseil des mines par le Domaine que le 1er janvier 1807. Par décret du 10 mars, Guillot-Duhamel fils (*), alors ingénieur en chef des mines, fut nommé directeur, poste dans lequel Beaunier (**) devait le remplacer en février 1813.

Faute de fonds suffisants mis à leur disposition, l'un et l'autre durent se borner à faire rouler du mieux qu'ils purent les exploitations placées sous leur direction en tant qu'exploitations domaniales, mais sans pouvoir s'occuper

---

(*) Fils de Guillot-Duhamel, l'initiateur en France de l'art des mines et de la métallurgie, ingénieur lors de la réorganisation en 1794, ayant suppléé son père au début de l'enseignement de l'Ecole de la Convention, inspecteur divisionnaire à la réorganisation en 1810, nommé inspecteur général au décès de Lefebvre d'Hellancourt en 1813, et ainsi appelé à siéger avec Lelièvre et Gillet de Laumont pour continuer dignement les traditions du premier triumvirat.

Ce Guillot-Duhamel a eu lui-même un fils sorti de l'Ecole polytechnique dans les mines, en 1819, avec Elie de Beaumont. C'est ce Guillot-Duhamel de la troisième génération qui a coopéré à la carte de la Haute-Marne et qui est décédé ingénieur en chef en retraite.

(**) Beaunier, né le 15 janvier 1779, mort le 20 août 1835, dont le nom est resté populaire à Saint-Etienne, mériterait d'être plus connu en France qu'il ne semble l'être. Il a été le fondateur, en 1816, de l'Ecole de Saint-Etienne, qui a, il est vrai, suivi d'autres voies que celles projetées pour elle. Il a le premier fabriqué, à la Béraudière, les aciers affinés à la houille dont la production industrielle fit justement tant de bruit à leur époque. Il a été le concessionnaire et le créateur du premier chemin de fer établi en France, celui de Saint-Etienne à Andrezieux, concédé par ordonnance royale du 26 février 1823.

Beaunier était entré directement à l'Ecole des mines de Paris le 19 ventôse an III (9 mars 1795) dans la première promotion de quarante élèves qui y furent successivement admis. Il passa ingénieur au second concours ouvert à cet effet, en octobre 1798, il resta dix-huit mois au laboratoire, employé par Vauquelin, et occupé à faire passer aux élèves leurs examens sur la chimie et la métallurgie.

des installations diverses que nécessitait l'enseignement à donner à des élèves. Aussi aucun professorat ne fut-il jamais constitué à Geislautern; aucun élève n'y fut placé à demeure pour y faire un stage de quelque durée; quelques élèves hors de concours venus de l'École de Moutiers ont pu y passer comme sur tout autre établissement. Il ne faut donc voir dans Geislautern que l'embryon d'un arrondissement minéralogique, c'est-à-dire d'une entreprise industrielle gérée par l'administration des mines, analogue à l'arrondissement de la Tarentaise dont nous allons parler, sans que celui-là ait eu les brillantes destinées que Schreiber devait donner à celui-ci.

Guillot-Duhamel, aidé de Beaunier et de Colmelet, a eu du reste à s'occuper principalement du travail considérable nécessaire à la délimitation des soixante concessions qui, conformément au décret du 13 septembre 1808, devaient être instituées sur le bassin houiller de Sarrebrück. Les événements de 1814 devaient survenir avant que cette importante opération eût abouti.

A l'invasion de 1814, Beaunier dut se réfugier à Metz, où il resta enfermé jusqu'à la paix. Le traité du 30 mai 1814 nous avait laissé Geislautern tandis qu'il nous avait enlevé tous les établissements de la Tarentaise. L'administration songea donc, autant que les événements permettaient de le faire, de tirer désormais parti de Geislautern pour l'enseignement. Brédif, que nous retrouverons sous-directeur de la mine de Pesey, fut placé en la même qualité sous les ordres de Beaunier qui, à la paix, était retourné à Geislautern. Mais ils furent obligés de fuir à nouveau en juin 1815, assez heureux pour sauver le matériel, les produits et les pièces de comptabilité de l'établissement que la France allait perdre définitivement cette fois.

CHAPITRE V.

L'ÉCOLE DES MINES DU MONT-BLANC.

(1802 — 1814).

Pesey, où Chaptal et Napoléon avaient déporté l'École des mines, est une assez pauvre commune de la Tarentaise, dont le seul avantage est d'être située dans une vallée des plus justement réputées de la Savoie pour sa beauté pittoresque ; elle s'ouvre sur la rive gauche de l'Isère à quelque 20 kilomètres en amont de Moutiers et descend du glacier de Pépin qui couronne sur sa face septentrionale l'Aiguille du midi (3.360 mètres d'altitude). Pesey, à une altitude de 1.300 mètres, est à 4 kilomètres en amont du débouché de la vallée : les mines sont à 4 kilomètres plus haut ; le gîte affleure à la cote de 1.580 mètres sur la rive gauche de la vallée, au pied de la falaise que surmonte le glacier. Un sentier accessible seulement aux mulets reliait à cette époque Pesey et la mine à la vallée de l'Isère.

La mine de Pesey est constituée par un filon-couche ; l'exploitation a porté à peu près exclusivement sur une colonne, très inclinée, de galène tenant 210 grammes d'argent aux 100 kilogrammes de plomb. La colonne avait été extrêmement riche dans les parties hautes où elle avait présenté une puissance de 8 mètres, donnant assez aisément des minerais à 82 p. 100 de plomb. Puissance et richesse avaient diminué rapidement en profondeur. En 1806, à l'avancement, à une profondeur d'une centaine de mètres, on n'avait plus que 1 mètre de minerai de bocard (*).

(*) Les renseignements anciens sur la mine de Pesey sont extraits en majeure partie d'un mémoire de H. Lelivec, ingénieur des mines du département du Mont-Blanc, qui a été inséré dans le

Découvert en 1714, le gîte fût tout d'abord exploité faiblement et par intervalles. En 1742 il passa aux mains d'une compagnie anglaise qui avait obtenu un privilège exclusif pour la recherche des mines en Savoie, avec concession pour 40 ans de celles qu'elle découvrirait. Mais vers 1760, après 18 ans d'une exploitation très lucrative, la compagnie anglaise fut forcée de rétrocéder cet établissement à une compagnie sarde qui continua l'exploitation jusqu'à la conquête de la Savoie par la France en 1792. Les principaux actionnaires et employés avaient émigré et les travaux étaient suspendus. La mine fut déclarée nationale par un arrêté de l'administration départementale du Mont-Blanc du 9 brumaire an II (30 octobre 1793); mais il n'y fut plus travaillé jusqu'à la reprise qu'allait provoquer l'installation de l'École dans le milieu de 1802.

De 1745 à 1792, la mine de Pesey avait produit 14.670 tonnes de plomb et 36.670 kilogrammes d'argent, soit environ par an 300 tonnes de plomb et 800 kilogrammes d'argent. De 1760 à 1792, le bénéfice réalisé avait été de 2.067.269 francs, soit moyennement 65.000 francs par an. Mais il s'était élevé dans certaines années, notamment en 1774 (*), jusqu'à 216.000 francs. Par contre, de 1786 à 1792, le fond de la mine se trouvant inondé et la grande galerie d'écoulement faite pour la désinonder n'ayant percé aux eaux que dans cette année (**), l'exploi-

---

Journal des mines (t. XX, 2e semestre 1806), sous le titre : *Statistique des mines et usines du département du Mont-Blanc*; les renseignements relatifs à la direction de Schreiber proviennent des archives du ministère des travaux publics, registres du conseil général des mines, etc.

(*) En 1774, la mine aurait produit les quantités réellement énormes pour l'époque de 3.460 tonnes de plomb et 4.689 kilogr. d'argent.

(**) Cette galerie de fond avait, avec les contournements de son tracé, une longueur de 1.300 mètres environ; sa longueur réduite ne correspondait qu'à quelque 600 mètres; elle venait percer

tation n'avait porté que sur de vieux piliers, et le bénéfice annuel n'avait été moyennement que d'une quarantaine de mille francs.

Ces résultats avaient déterminé le gouvernement à mettre l'École à Pesey. Non seulement, en effet, il entendait que les bénéfices de l'exploitation fissent face à toutes les dépenses de l'Ecole, mais encore il ne fut alloué à l'administration des mines aucun crédit extraordinaire pour les premières dépenses. Une diminution opérée sur les traitements des ingénieurs de tout grade permit de pourvoir à ces frais; le talent et l'activité de Schreiber, qui avait été nommé directeur, permit de réaliser le programme. Les preuves d'habileté qu'avait données cet ingénieur et les succès qu'il avait obtenus depuis 1777, dans l'exploitation des mines voisines d'Allemont (*), jouèrent certainement un grand rôle dans sa désignation à ce nouveau poste et, peut-être même, dans l'adoption du plan réalisé par l'arrêté consulaire du 12 février 1802.

Les conditions dans lesquelles Schreiber débutait dans sa direction n'étaient cependant guère favorables. L'établissement se trouvait abandonné depuis plus de dix ans ; les galeries et puits étaient partiellement éboulés; la maison de direction et les baraques des ouvriers inhabitables; les bâtiments d'exploitation tombaient en ruines. Schreiber sut tout d'abord réunir le personnel nécessaire et le forma lui-même en partie grâce à sa grande pratique du métier. La maison de direction fut remise en état. On construisit à l'entrée de la galerie d'écoulement, devenue galerie de sortage, une laverie, puis, plus tard,

---

dans le puits principal à une centaine de mètres au-dessous de son orifice.

(*) Schreiber était resté directeur des mines d'Allemont pour le compte du Domaine jusqu'en 1802; il passa de là directement à Pesey.

une autre plus basse et moins sujette à être arrêtée par les gelées ; on rétablit enfin une fonderie et un atelier de coupellation. De 1803 à 1805, Schreiber put arriver à produire 242 tonnes de plomb, 45 tonnes de litharge et 823 kilogrammes d'argent, réalisant un bénéfice net de 22.214 francs, après avoir fait face à 128.720 francs de frais de premier établissement et ayant, en outre, un stock de 46.720 francs. En 1806, le bénéfice net fut de 80.000 francs. Les années suivantes, jusqu'à la disparition de l'École en 1814, la production se tint, avec du schlich à 70 p. 100, aux environs de 250 tonnes de plomb et de 560 kilogrammes d'argent donnant un produit brut de 350.000 francs et un bénéfice net de 170.000 à 180.000 francs. La mine de Pesey occupait alors 300 ouvriers, dont moitié à l'intérieur ; toujours à l'imitation de ce qui se faisait dans les districts miniers allemands, Schreiber ne manqua pas d'établir, en faveur de ce personnel, des institutions de prévoyance contre la maladie et les accidents.

En somme Schreiber réussit pleinement non seulement à assurer la marche de l'entreprise et, par suite, le fonctionnement de l'École, mais encore à constituer des réserves qui, plus tard, de 1814 à 1816, servirent à payer les frais des deux déménagements que l'École, rétablie à Paris, eut à faire de l'hôtel Mouchy au Petit-Luxembourg, et de celui-ci à l'hôtel Vendôme.

Sans vouloir diminuer le talent hors de pair que Schreiber eut à déployer pour atteindre ce but, il est tout au moins intéressant d'observer que ces résultats n'ont pu être obtenus, avec une production relativement si faible, que parce que le plomb valait 80 à 90 francs les 100 kil., l'argent 220 francs le kil., et que, d'autre part, les ouvriers d'état n'étaient payés que 1f,20 et les manœuvres 0f,50 par jour; en outre, le combustible venait des forêts affectées à l'établissement et ne donnait lieu qu'à des redevances peu importantes en faveur des communes.

Avant même que Schreiber eût pu entreprendre de remonter l'exploitation, l'administration s'était préoccupée de compléter l'organisation de là nouvelle École. Quelques jours après que l'arrêté des Consuls du 12 février 1802 (23 pluviôse an X) eut fixé l'École à Pesey, un autre arrêté du 27 ventôse (18 mars), en même temps qu'il désignait Schreiber comme directeur, nommait comme professeurs Baillet du Belloy, Hassenfratz et Brochant de Villiers.

L'École devait fonctionner sous la haute surveillance du conseil des mines. Mais la distance et la difficulté des communications décidèrent Chaptal à en remettre, par décision du 30 mars 1802 (5 germinal an X), l'administration directe à un comité formé du directeur et des trois professeurs. Le conseil des mines ne continua pas moins à s'en occuper avec sollicitude. En 1803, dès la première année de son fonctionnement, Gillet de Laumont, malgré son âge et ses infirmités, vint lui-même en Savoie, heureux, comme jadis dans la maison d'instruction de l'agence des mines, de se trouver entouré des jeunes élèves; il se fit un plaisir de les accompagner dans leurs courses géologiques auxquelles donnait un attrait si particulier un pays plus propre peut-être, il est vrai, à former des alpinistes que des ingénieurs et des métallurgistes.

L'École était organisée, au moins sur le papier. Quand on voulut la faire fonctionner réellement on s'aperçut de l'impossibilité absolue d'installer matériellement élèves et professeurs sur les pentes neigeuses de Pesey, inhabitables une partie de l'année, hors et loin de tout chemin carrossable, sans bâtiment pour recevoir le personnel; il fallait l'étrange légèreté avec laquelle paraît avoir été rendu l'arrêté consulaire de février 1802, pour qu'on ne se fût pas rendu compte tout de suite d'une pareille situation. On y remédia en affectant à l'École, par arrêté consulaire du 27 nivôse an XI (17 janvier 1803), les bâtiments du séminaire de Moutiers, transformés à cette époque en manutention militaire. Schreiber, que Lefroy, à titre d'inspecteur sous-directeur, vint aider dans ce travail spécial dès le printemps de 1803, y fit établir un assez vaste laboratoire (*) avec ses dépendances, une bibliothèque, des salles de dessin et d'étude, un cabinet de minéralogie un peu rudimentaire, des logements pour le directeur et quelques ingénieurs. C'est ainsi que fut effectivement établie à Moutiers l'École légalement fixée à Pesey ; elle fut dorénavant plus généralement désignée sous l'appellation d'École pratique du Mont-Blanc.

Dans cette curieuse expérience poursuivie dans la Tarentaise, de 1802 à 1814, il y a, d'ailleurs, deux choses à distinguer. Le conseil des mines n'avait pas aisément renoncé à son idée d'arrondissements minéralogiques constitués à l'imitation des districts miniers allemands, dans lesquels l'administration devait être chargée directement ou indirectement de l'exploitation des mines et usines; ces idées étaient de nature à rencontrer plus de crédit que par le passé avec le nouveau gouvernement et une situation financière meilleure (**). Aussi le conseil parvint-il à créer un pareil arrondissement autour de l'École pratique du Mont-Blanc. Un décret du 22 frimaire an XIII (13 décembre 1804) réserva à l'École un district de quelque 450.000 hectares, englobant la Tarentaise et la Maurienne; l'administration de l'École, sous la surveillance

(*) Le laboratoire était assez pauvrement installé, surtout au début. Berthier (*Journal des mines*, t. XXII, 1807, p. 82) ne put pas y achever certaines analyses faute de creusets métalliques.

(**) On le voit bien par le décret du 18 novembre 1810 portant réorganisation du corps des mines qui, dans ses articles 75 à 78, prévoit la direction d'établissements pour le compte de l'État par les ingénieurs des mines.

du conseil des mines et l'autorité du ministre de l'intérieur, pouvait seule, dans ce district, exploiter des mines ou les faire exploiter sous sa surveillance directe (*), sauf réserve des droits déjà constitués sur les mines d'anthracite d'Entrevernes (**). On décida, en outre, l'établissement à Conflans, en face d'Albertville, au confluent de l'Isère et de l'Agly, d'une grande fonderie centrale pour plomb et cuivre, destinée au traitement des minerais provenant des diverses exploitations qui seraient faites par l'administration de l'École. Pour permettre la construction de cette fonderie, le même décret lui affecta les vastes bâtiments de l'ancienne saline où l'on avait essayé jadis de traiter les eaux de Salins, près Moutiers, à 25 kilomètres de distance. Ces bâtiments s'étendaient, avec 300 mètres de longueur, sur les trois côtés d'une grande cour.

A côté de l'arrondissement minéralogique ainsi créé, véritable entreprise industrielle dont le succès ne laissa pas d'être prospère, l'École vécut d'une vie assez distincte, médiocrement brillante on le verra, mais qui heureusement, par suite des modifications apportées en fait à la constitution primitivement projetée, fut moins dé-

---

(*) Le personnel dont disposait Schreiber était insuffisant pour qu'il pût faire explorer directement tout le vaste périmètre de l'arrondissement. Aussi, pour inciter les recherches, fit-il adopter, par décision ministérielle du 12 novembre 1811, une organisation en vertu de laquelle tout individu pouvait faire des recherches et ouvrir une exploitation avec son autorisation, sauf à envoyer le minerai à Conflans. L'administration pouvait toujours reprendre une exploitation ainsi ouverte, à charge pendant dix ans de remettre à celui qui l'avait créée la moitié des bénéfices nets qu'elle produirait.

(**) Bien que la mine d'Entrevernes ne fût pas exploitée directement par l'administration de l'École, celle-ci intervint assez activement pour y faire appliquer des méthodes qui étaient à la fois un modèle pour le pays et un utile enseignement pour les élèves.

sastreuse que l'arrêté organique de février 1802 ne pouvait le faire craindre.

Tous les projets dont le décret de 1804 avait posé le programme, résultaient, en partie du reste, des constatations que Schreiber n'avait pas tardé à faire en reprenant l'exploitation de la mine de Pesey. Les difficultés qu'il rencontra ne menaçaient de rien moins que de faire disparaître le motif principal qui pût expliquer sinon justifier l'établissement d'une École dans ces régions. Dès 1806, quatre ans à peine après la reprise des travaux, les bois qui servaient à alimenter la fonderie de Pesey commençaient à s'épuiser, et l'on pouvait prévoir que dans peu d'années l'approvisionnement deviendrait impossible puisque l'on ne pouvait songer à en faire venir d'un peu loin avec les seuls transports à dos de mulet dont on pouvait disposer. Schreiber avait eu beau s'ingénier pour améliorer ses fours. Vainement il avait essayé de les faire marcher avec les anthracites de la Tarentaise.

D'autre part le gîte de Pesey s'appauvrissait sensiblement en profondeur. Aussi Schreiber porta-t-il son attention sur les gîtes voisins qui pourraient faire l'objet d'une utile exploitation, et il fut assez heureux pour réussir complètement à Mâcot, mine située à quelque 10 kilomètres au sud-ouest de Pesey, dans une vallée parallèle, mais à une altitude encore plus grande, il est vrai, 2.100 mètres. En 1813 Mâcot était en exploitation avec un bocard spécial établi au pied de la mine, à la Roche, à 1.800 mètres d'altitude, et Mâcot, jusqu'en 1866, a fourni le principal aliment à l'ensemble de l'entreprise originairement créée par Schreiber.

On ne pouvait songer à remonter à la fonderie de Pesey les minerais de Mâcot et ceux des autres mines qu'on espérait découvrir. Conflans était au contraire dans une situation excellente, avec une force motrice considérable, au débouché de toutes les vallées du pays dont on pouvait recevoir minerais et combustibles. Désireux de faire les bénéfices nets les plus considérables, Schreiber, tant que Pesey continuait à marcher, mena fort lentement la construction de la grande fonderie projetée dès la fin de 1804. La fonderie fut placée dans le bâtiment central de l'ancienne saline ; les magasins et ateliers dans une des ailes ; dans l'autre, qui serait devenue une succursale de l'École, sinon même plus tard l'École même, pouvaient être disposés le laboratoire, les salles d'étude et les logements. L'établissement de cette fonderie centrale par les soins de Schreiber, secondé par les professeurs et les ingénieurs attachés à l'École, fut un fructueux sujet d'études pour les élèves. On y signalait principalement une grande machine soufflante à cylindres qui fut considérée comme un progrès considérable réalisé sur les trompes encore employées à Pesey. Une première campagne d'essai, plus que de marche courante, put être faite du 22 septembre au 13 octobre 1813, sous la conduite de l'ingénieur Hérault, plus spécialement attaché à ce service. En 1814, lorsque la mine de Mâcot eut été en pleine exploitation, la fonderie de Conflans devait entrer en roulement régulier ; mais ce fut l'année où la Savoie allait reprendre toute cette belle organisation créée avec tant de talent et de succès par Schreiber.

En dehors de l'entreprise industrielle dépendant de Schreiber était la saline établie à Moutiers même, qui traitait les eaux sourdant à Salins, à 1 kilomètre de distance (*) ; cette saline dépendait directement de la régie et point de la direction de l'École ; mais elle pouvait servir d'objet d'études aux élèves auxquels maintenant il nous faut revenir.

(*) Les sources de Salins et la saline de Moutiers ont été décrites en grand détail par Berthier en 1807 (*Journal des mines*, t. XXII). Elles rendaient net au Trésor quelque 120.000 francs avec une production annuelle de 1.000 tonnes.

Si tout enseignement spécial sur les mines et la métallurgie n'a pas sombré dans l'expérience de Moutiers, on le doit aux professeurs qui y furent nommés et à la façon dont ils comprirent leur mission, tout autrement fort heureusement que ne l'avait entendu l'arrêté organique de février 1802.

Baillet pour l'exploitation et Hassenfratz pour la métallurgie ne firent que continuer à Pesey l'excellent enseignement de théorie appliquée que, depuis plusieurs années déjà, ils donnaient à Paris et qu'ils devaient y continuer à partir de 1816 pendant tant d'années encore, alors que l'arrêté du 12 février 1802 ne prévoyait qu'un enseignement essentiellement pratique. Le désaccord entre les faits et le programme officiel était inévitable ; l'arrêté des Consuls de février 1802 avait méconnu le caractère de l'enseignement spécial indispensable à la suite de celui, touchant aux généralités plus qu'aux spécialités, que recevaient les élèves de l'École polytechnique. Cette nécessité s'accentuait d'autant plus que l'enseignement de l'École polytechnique tendait davantage vers la pure théorie des sciences mathématiques.

Brochant de Villiers qui, à peine âgé de 30 ans, était appelé à succéder à Haüy, dont le haut enseignement, commencé si magistralement à l'École des mines, devait se continuer au Muséum, allait maintenir ce cours à la hauteur où l'avaient mis déjà ses illustres devanciers. Ce qu'était ce cours au moment où Brochant monta dans une chaire dont il devait rester titulaire pendant 33 ans, on peut aisément s'en rendre compte par le *Traité élémentaire de minéralogie* qu'il publia à cette époque (2 vol. in-8°, Paris, chez Williers), le premier volume en l'an IX, un an par conséquent avant le *Traité* d'Haüy, et le deuxième volume en l'an XI. Brochant de Villiers, dans le titre même de son ouvrage, indiquait que sa minéralogie était présentée *suivant les principes du professeur Werner* (*). Toutefois son *Traité* et son enseignement étaient complétés par l'exposé des conceptions cristallographiques nouvellement découvertes par Haüy, en sorte qu'ils présentaient une heureuse synthèse des deux méthodes. Le second volume était particulièrement intéressant par le petit *Traité des roches* qui le terminait, constituant ainsi un des premiers ouvrages de pure géologie. Aussi bien, Brochant, par les belles études qu'il allait entreprendre avec tant de succès dans la Tarentaise (**), devait provoquer dans la géologie des progrès qui ont puissamment contribué à l'asseoir comme science indépendante, aux lieu et place de cette géographie physique, comme on désignait auparavant les connaissances purement géographiques ou statistiques, mnémoniques plus que scientifiques, qu'on enseignait sous cette appellation. Le résultat le plus appréciable, et peut être le seul appréciable au point de vue

(*) Brochant de Villiers distinguait, avec Werner, dans la minéralogie entendue *lato sensu :*

L'*oriclognosie*, ou connaissance des minéraux d'après leurs caractères physiques ou mieux les caractères extérieurs tombant sous nos sens;

La *minéralogie chimique;*

La *géognosie*, ou connaissance de la terre, c'est-à-dire des circonstances de gisement des substances minérales;

La *minéralogie géographique*, ou connaissance des localités où se trouvent ces substances;

La *minéralogie économique*, ou connaissance des emplois de ces substances;

En d'autres termes, la minéralogie devait apprendre : les caractères extérieurs, physiques (électricité, magnétisme), chimiques, les parties constituantes, les modes de gisement et les localités, enfin les usages des minéraux, minerais et roches.

(**) Les travaux de Brochant sur la Tarentaise se trouvent essentiellement dans :

Observations géologiques sur des terrains de transition qui se rencontrent dans la Tarentaise et autres parties de la chaîne des Alpes, 1806 (*Journal des mines*, t. XXIII).

Terrains de gypse ancien qui se rencontrent dans les Alpes, mémoire lu à l'Institut le 11 mars 1816.

scolaire, du transfert de l'École des mines à Pesey est d'avoir fourni à Brochant une occasion de faire ces travaux.

On aura sans doute remarqué dans l'arrêté organique la suppression du cours de docimasie qui venait d'être professé d'une façon si nouvelle et avec tant d'éclat par Vauquelin, et après lui si fructueusement par son élève et disciple, Collet-Descotils. Il fut suppléé en fait, tant bien que mal, et plutôt mal que bien, à cette autre lacune de l'organisation prévue dans l'arrêté consulaire de février 1802, par quelques notions qu'Hassenfratz ajouta, à cet effet, à ses leçons de métallurgie et par la pratique du laboratoire, dans lequel les élèves étaient exercés durant la période des exercices pratiques, sous la direction et la surveillance des ingénieurs qui restaient attachés à l'École plus ou moins longtemps, avant d'être envoyés en service. Mais la liberté dont on jouissait à Moutiers était telle que ces exercices au laboratoire, passagers du reste, ne furent jamais très suivis, au moins par la majorité des élèves. Un Berthier a pu se former dans un tel milieu; mais tous n'ont pas la vocation et les aptitudes d'un Berthier.

L'École, grâce à Lefroy (*), dont il semble que la spécialité devait être de présider à toutes les installations matérielles de l'École dans ses diverses pérégrinations, fut à peu près en mesure de fonctionner dans le printemps de 1803; à partir de ce moment, l'enseignement y continua régulièrement pendant onze ans jusqu'aux événements de 1813-1814. Il s'y poursuivit, suivant une méthode qui ne laissa pas d'être assez particulière et qui était une conséquence de l'ensemble des circonstances dans lesquelles l'École avait été créée.

(*) Lefroy est resté à Moutiers comme inspecteur sous-directeur, de mai 1803 à octobre 1804.

Schreiber, très absorbé par la direction technique d'une entreprise qui n'était pas très facile, rendu quelque peu sauvage par sa nationalité et son extraction première, paraissant avoir peu de goût pour les choses de l'enseignement, ne quittait guère Pesey; il s'en remettait aux professeurs de tout ce qui touchait à l'instruction théorique, et aux ingénieurs placés sous sa direction comme inspecteurs ou sous-directeurs, pour les exercices pratiques.

Les professeurs ne venaient guère à Moutiers que pour y faire leurs cours; aussi bien, à partir de la réorganisation du corps en 1810, Hassenfratz et Baillet, étant inspecteurs divisionnaires et membres du conseil général des mines, n'auraient pas pu y résider. L'enseignement théorique se donnait donc par périodes successives que chacun des professeurs occupait exclusivement, pendant trois mois au début de l'institution, et deux mois seulement à la fin (*).

Tout en gardant le même fond de programme, le développement donné aux matières et la manière de les exposer variaient d'après l'état d'instruction où le professeur trouvait les élèves. Suivant les années, Hassenfratz qui, ainsi que nous l'avons dit, devait compléter son cours de métallurgie par les notions jugées nécessaires de docimasie ou de chimie, faisait une leçon, ou ce qui serait plus exact, une conférence tous les jours ou tous les deux jours ou même parfois deux fois par jour (**).

(*) Les professeurs titulaires étaient parfois remplacés par un ingénieur envoyé en mission pour faire le cours à leur place. C'est ainsi que Cordier fit le cours de minéralogie d'août à décembre 1804.

Par contre, en 1811, il n'y eut pas de cours d'exploitation par suite d'une mission qui empêcha Baillet de se rendre à Moutiers.

(**) Note d'Hassenfratz remise en 1810 au comte Laumond, directeur général des mines (archives de la division des mines au ministère des travaux publics).

Entre les leçons, pendant la période d'enseignement technique, les élèves devaient se réunir pour repasser ensemble, sous la direction de celui d'entre eux faisant fonctions de brigadier, la leçon du professeur et la rédiger. Brochant de Villiers terminait chaque année son cours par des courses géologiques dans les environs.

A la suite de chaque cours le professeur, avant de quitter Pesey, faisait passer l'examen sur son cours et donnait les notes qui servaient au classement.

Après ou entre les cours théoriques les élèves se succédaient alternativement par roulement, à Pesey et à Moutiers, pour les exercices pratiques qui étaient réputés devoir compléter l'enseignement théorique.

A Pesey, les élèves vivaient avec l'ingénieur qui y remplissait les fonctions de sous-directeur, Beaussier (*) de 1807 à 1811, et Brédif (**) à partir de 1811. Ils devaient visiter journellement les travaux souterrains et les ateliers, s'exercer au lever des plans superficiels et souterrains et à la pratique des travaux, sans négliger l'apprentissage des moindres détails : forage des coups de mines, boisage, lavage, etc., travaux qu'ils devaient exécuter sous la conduite d'ouvriers expérimentés, spécialement choisis (***).

(*) Beaussier, né à Angers en 1779, mort dans cette ville le 2 mai 1816, élève de l'Ecole polytechnique en 1799, élève des mines en 1802, avait formé avec Guenyveau, le futur professeur de métallurgie à l'Ecole des mines de Paris, la première promotion qui avait dû se rendre directement à Moutiers. Dès la fin de ses études, il fut adjoint comme ingénieur à Schreiber.

(**) Brédif, né à Paris le 14 août 1786, est mort le 1er janvier 1818 à Saint-Louis du Sénégal au cours de l'expédition tristement célèbre par le naufrage de La Méduse; Brédif montra dans cette circonstance un sang-froid et un courage remarqués. A la cession de la Savoie à la France par le traité du 30 mai 1814, Brédif avait été envoyé comme sous-directeur à Geislautern d'où la nouvelle invasion devait à nouveau le chasser.

(***) Hassenfratz, dans sa note précitée au comte Laumond, dit que les élèves étaient *supposés* s'exercer à tous ces travaux.

Lorsqu'on commença à travailler à l'érection de la fonderie centrale de Conflans, les élèves y passèrent dans les mêmes conditions, sous la surveillance d'Hérault (*) qui, à partir de 1808, avait été attaché à cette branche du service de Schreiber comme sous-directeur.

A Moutiers, sous l'inspection de l'ingénieur plus spécialement attaché à l'École (**), les élèves devaient se réunir tous les jours dans le laboratoire et dans la salle de dessin pour faire les analyses, dessins, mémoires et autres travaux prescrits par les professeurs.

En réalité, les ingénieurs chargés de surveiller ou mieux de former les élèves, en fonctionnant en quelque sorte comme des répétiteurs bénévoles, étaient ceux qui, promus après avoir obtenu dans les examens les notes exigées par le règlement, leurs *mediums* (***), n'étaient envoyés en service dans les départements qu'après avoir été attachés un an ou deux au service de l'École.

On n'avait pas tardé à reconnaître qu'il ne suffisait pas aux élèves, pour se former, de suivre les travaux de Pesey et de Conflans, où ils ne pouvaient en somme étudier que l'exploitation et le traitement du plomb. Ceux d'entre eux,

(*) Hérault, né en 1780, mort inspecteur général des mines honoraire en 1848, avait fait partie, avec Héron de Villefosse, de la seconde promotion, sortie de l'Ecole polytechnique en 1799, qui put achever ses études à Paris avant le transfert de l'école à Moutiers.

(**) En réalité, Lefroy fut à peu près le seul, des débuts en 1803 à la fin de 1804, à remplir réellement, avec le titre de sous-directeur, les fonctions d'inspecteur de l'Ecole, telles qu'il les occupa à Paris à partir de 1816. Après lui, il n'y eut à l'Ecole que des ingénieurs adjoints, pris parmi ceux immédiatement promus. Berthier fut notamment désigné à cet effet et dans ces conditions pendant six mois, de la fin de 1805 au début de 1806, date à laquelle il fut appelé au laboratoire central à Paris.

(***) Le *medium* a été pratiqué à l'Ecole jusqu'en 1853. C'était une note moyenne qui n'était donnée dans chaque matière que lorsque l'élève était réputé avoir fait preuve de connaissances suffisantes en ladite matière. On continuait à l'étudier tant que le *medium* correspondant n'était pas obtenu.

jugés suffisamment avancés, généralement après deux ou trois ans de cours théoriques, surtout ceux déclarés hors de concours, étaient envoyés en voyage entre les cours théoriques soit dans les mines et usines des environs immédiats, soit plus loin jusqu'à Rive-de-Gier, Chessy et Sain-Bel, le Creusot, pour compléter leurs études pratiques et examiner des exemples de gisements, de travaux d'art et d'opérations métallurgiques qu'ils ne pouvaient voir à Pesey. Mais faute d'une surveillance immédiate, tous ces travaux n'étaient guère exécutés que dans la mesure qu'il plaisait à chaque élève d'y mettre avec ses goûts particuliers. Sans maître de dessin, cette partie importante de l'enseignement était déplorable; et l'on ne pouvait que regretter l'absence totale de l'étude des langues étrangères.

La vie et le travail des élèves, qui ne logeaient pas à l'École, étaient en somme extrêmement libres; Moutiers possédait une Académie de mines plus qu'une École des mines. Une pareille liberté ne pouvait avoir, au point de vue de la discipline, aucun inconvénient. Pour avoir été la capitale de la Tarentaise, Moutiers ne comptait pour cela pas beaucoup plus de 2.000 habitants; dans un pareil centre, avec les difficultés de communication de l'époque, l'éloignement relatif de toute ville tant soit peu importante, on ne pouvait craindre les conséquences d'un pareil régime.

Malgré un ensemble de circonstances si défavorables, l'École prospérait grâce à l'enseignement théorique qui y était donné. L'échange de Paris contre Moutiers n'avait pas été, il est vrai, très goûté au début, et plusieurs des élèves de l'École des mines de Paris qui n'avaient pas fini leurs études, aimèrent mieux renoncer à la carrière que d'aller en Savoie (*). Sauf en 1804, où aucun élève ne par-

(*) Parmi les élèves qui, n'ayant pas terminé leurs études à

vint de l'École polytechnique, les promotions se succédèrent régulièrement, allant jusqu'à sept élèves en 1808, mais plus habituellement de deux, trois, quatre ou cinq.

Des élèves externes venus, les uns à leurs seuls frais, et les autres envoyés aux frais de leurs départements, élevèrent jusqu'à vingt et vingt-quatre le nombre des élèves réunis à la fois.

Pendant que l'École suivait à Moutiers la destinée que les faits avaient ainsi amené à lui donner, la loi du 21 avril 1810 venait d'être promulguée et avait été suivie du décret organique du 18 novembre 1810 portant réorganisation du corps des mines. Si différentes que fussent la nouvelle législation et celle de 1791, le changement des choses fut, en fait, moins grand qu'on ne serait porté à le croire. L'administration avait été conduite, on le sait, sous le Consulat, à appliquer la loi de 1791 dans un sens assez différent de celui que paraissait comporter son texte; et au début de son application la loi de 1810 fut loin d'être entendue dans le sens où nous la comprenons aujourd'hui; le concessionnaire de mines, à l'origine, était, en fait, assimilé à un concessionnaire de travaux publics, bien plus que traité en vrai propriétaire, comme nous le considérons maintenant. Puis l'Empire n'eut pas beaucoup le temps d'instituer de nouvelles concessions régulièrement constituées. La transition d'un régime à l'autre fut en réalité peu apparente et le nouveau système ne produisit réellement des effets que beaucoup plus tard.

En ce qui concerne plus spécialement l'administration des mines, l'organisation de 1810 la mettait sous l'autorité d'un directeur général qui fut le comte Laumond. L'ancien conseil des mines, toujours constitué par Lelièvre, Gillet de Laumont et Lefebvre d'Hellancourt, de-

---

Paris, durent aller les achever à Moutiers, se trouvaient Berthier et Migneron.

venait le conseil général des mines, et s'il s'augmentait d'un assez grand nombre de membres, les trois anciens conseillers, comme inspecteurs généraux de 1re classe, y conservaient toutefois une situation prépondérante, puisqu'ils étaient en réalité les seuls membres nés du conseil à raison de leur situation (*). Un d'entre eux, Lelièvre, présida le conseil effectivement en qualité de vice-président (**) jusqu'en 1832.

Le décret du 18 novembre 1810 ne fit qu'une allusion implicite aux écoles d'application en confirmant simplement l'état des choses qui existait à ce moment. Le nombre des élèves fut toutefois fixé à vingt-cinq (art. 2); il fut stipulé qu'ils passeraient de la 2e à la 1re classe, puis aspirants, suivant leur rang à l'École, et en raison de leurs progrès et de leur application (art. 10); qu'ils devaient résider dans les Écoles, sauf les missions relatives à leur instruction et le service extraordinaire auquel ils pouvaient être momentanément appelés (art. 14).

Les défectuosités nombreuses et diverses du fonctionnement de l'École de Moutiers n'étaient pas ignorées de la direction générale. Le conseil général des mines et les professeurs, dont deux, Baillet et Hassenfratz, résidaient à Paris et siégeaient au conseil comme inspecteurs divisionnaires, les avaient signalées au comte Laumond. Les professeurs lui avaient communiqué leurs vues sur une réorganisation de l'École à Paris, trouvant que le système suivi à Moutiers n'avait déjà que trop duré et

(*) Le conseil général des mines (art. 45 du décret de 1810) était composé des inspecteurs généraux résidant à Paris, des inspecteurs divisionnaires appelés par le directeur général, et d'auditeurs au Conseil d'Etat qui n'avaient toutefois voix délibérative que dans les affaires rapportées par eux; le directeur général pouvait y appeler, avec voix consultative, les ingénieurs de tout grade se trouvant à Paris.

(**) Le conseil était nominalement présidé par le directeur général.

qu'on n'arriverait jamais à le faire fonctionner régulièrement et utilement. En attendant on s'était borné, par une meilleure organisation des voyages entre les cours théoriques, par quelques compléments apportés à l'instruction (*), à tirer un meilleur parti du séjour des élèves à Moutiers.

Les événements de 1814 allaient précipiter la solution. La promotion de 1813 fut la dernière qui put entrevoir la Savoie. L'invasion n'allait pas tarder à la disperser et forcer ceux qui avaient à continuer leurs études (**) à regagner péniblement Paris, où elles devaient s'achever (***).

Schreiber, secondé efficacement par les ingénieurs Hérault et Gardien, ses adjoints, parvint, avec beaucoup de peine, à sauver les produits de l'établissement et le matériel de l'École. Il resta à Pesey et à Moutiers malgré le désagrément inséparable d'une semblable position tant que sa présence put y être utile à l'administration; il ne rentra en France qu'en mars 1816, et alla se fixer

---

(*) Le comte Laumond exigea notamment que les élèves eussent à étudier la législation et l'administration des mines et qu'ils fussent examinés sur ces matières avant de pouvoir être envoyés en service.

(**) Dufrénoy faisait partie, avec Thibaud, de cette promotion de 1813. Il se plaisait à raconter comment ils durent revenir à pied, Lambert, Juncker et lui, au milieu des difficultés créées par les armées étrangères, n'ayant ensemble tous les trois pour effectuer leur voyage qui dura treize jours, qu'une somme de 106 francs, si bien ménagée qu'à leur arrivée à Paris, il leur restait juste de quoi s'offrir une voiture pour se rendre dans leurs familles (Notice sur Dufrénoy par de Billy, *Annales des mines*, 6e série, t. IV).

(***) Parmi les élèves sortis en 1812 de l'Ecole polytechnique et alors encore à Moutiers, se trouvait Despine, originaire d'Annecy, qui devait être un des premiers et principaux ingénieurs du corps des mines de Sardaigne créé en 1822, et le directeur de l'Ecole de Moutiers lors de sa réouverture en 1825 par le gouvernement sarde.

à Grenoble (*), ayant refusé les offres superbes du gouvernement sarde pour reprendre l'institution sous l'autorité de celui-ci.

En recouvrant la souveraineté du pays, le gouvernement sarde (**) avait pris immédiatement possession de tous les établissements, mines et usines, créés par Schreiber, et amenés par lui à un si haut degré de prospérité; toutefois le gouvernement sarde crut au préalable devoir indemniser l'ancien concessionnaire des mines de Pesey qu'avait dépossédé l'administration française. Au refus de Schreiber de passer au service de la Sardaigne, Victor-Emmanuel avait, dès 1815, nommé de Rosenberg (***) directeur des établissements royaux de la Tarentaise, en le chargeant de préparer, avec une nouvelle législation sur les mines, la réorganisation de l'École que son gouvernement se proposait, lui aussi, de reprendre à Moutiers. Elle fut décidée et réglée par une ordonnance du 18 octobre 1822; mais les travaux d'aménagement, en vue notamment de préparer des logements pour les élèves qui devaient habiter l'École quoique sans y être nourris, et surtout en vue de la doter du matériel d'enseignement nécessaire, ne permirent d'en faire l'ouverture qu'au 1er juillet 1825. Rosenberg était mort le 10 mars 1824 et ce fut

(*) Schreiber avait été nommé inspecteur divisionnaire avec résidence à Lyon, mais, par faveur exceptionnelle, il fut autorisé à rester à Grenoble.

(**) Tous les renseignements officiels sur la création et l'organisation de l'Ecole sarde de Moutiers se trouvent dans le *Reperterio delle miniere*, Recueil officiel, 1re série, Torino, 1825 et années suivantes.

(***) De Rosenberg, né à Mayence le 4 avril 1769, ancien élève de Freiberg, avait été, pendant l'Empire, engagé par le duc de Raguse pour diriger, sous son gouvernement, les mines et usines d'Illyrie. Obligé de se replier en 1813 avec l'administration française, de Rosenberg s'était arrêté à Moutiers, qui, à cette date, constituait un centre véritablement intéressant pour le mineur et le métallurgiste.

à Despine, qui lui avait succédé dans la direction des établissements de la Tarentaise et de l'École de Moutiers, que revint l'honneur de réouvrir pour le gouvernement sarde une école où, quelque vingt ans auparavant, il avait fait son éducation comme élève du gouvernement français.

L'École théorique et pratique de minéralogie de Moutiers, suivant son appellation officielle, fut exactement calquée, dans son ensemble comme dans tous ses détails, sur l'école française qui venait de disparaître : c'était un hommage qui lui était ainsi rendu (*). Trois professeurs devaient y enseigner : l'abbé Étienne Barson, la minéralogie et géologie ; Victor Michelotti, la docimasie et la minéralurgie ; Antoine Replat (**), l'exploitation des mines ; les programmes semblent copiés, jusque dans la terminologie un peu barbare adoptée par Hassenfratz, sur les programmes français (***). Même organisation d'enseignement, donné en deux ou trois ans, divisé chaque année en cours théoriques à Moutiers, et en exercices pratiques sur les mines et à Moutiers ; exercices identiquement réglés comme dans le système français ; les professeurs, qui ne résidaient pas davantage sur place, se succédaient l'un à l'autre et faisaient passer les examens à la suite de leurs cours. En un mot, le gouvernement sarde faisait

(*) Un hommage plus spécial fut rendu à Schreiber dont le portrait fut placé dans la grande salle de l'Ecole avec ceux de Nicolis, de Robilant, de Napione et de Rosenberg, qui étaient les fondateurs de la réorganisation du service des mines en Sardaigne.

(**) Replat était un ancien élève de l'Ecole des mines de France, qui avait dirigé avec succès l'exploitation des mines d'anthracite d'Entrevernes, dans la Tarentaise.

(***) Par analogie avec les dernières instructions du gouvernement français, le professeur d'exploitation devait faire quelques leçons de législation des mines, d'administration et de comptabilité.

revivre l'école française, non pas telle que Chaptal l'avait assez singulièrement imaginée en 1802, mais telle que l'expérience avait amené à l'organiser. Elle dura théoriquement quelque vingt ans jusqu'en 1846. Si à cette époque elle disparut officiellement (*), en fait elle avait cessé de fonctionner antérieurement, beaucoup par manque d'élèves, un peu, peut-être, par la faute des professeurs.

En 1853, le gouvernement sarde afferma, et, en 1856, vendit ses mines et usines de la Tarentaise à une compagnie Franco-Savoisienne, qui les a exploitées avec activité jusqu'en 1865. A cette date, l'insuccès des recherches à Pesey, et l'appauvrissement du gîte de Mâcot, déterminèrent la société à se défaire de ses mines, restées depuis totalement abandonnées. L'ancienne maison de direction de Schreiber, à Pesey, est devenue un simple lieu de villégiature pour son propriétaire et un pied-à-terre pour les alpinistes; dans ces derniers temps il a été question d'en faire une station d'air! Triste chute pour le siège de l'École des mines de Napoléon.

Dès 1858, la compagnie Franco-Savoisienne avait, d'ailleurs, abandonné l'usine de Conflans-Albertville pour établir une autre usine à plomb à Vizille.

Les bâtiments de Moutiers, à la suite de l'abandon de l'entreprise par le gouvernement sarde, servirent à partir de 1856, à divers services publics : sous-préfecture, tribunal, etc.

Lors de la réunion de la Savoie à la France, des pétitions furent adressées à l'empereur pour qu'il rétablît à Moutiers une école destinée, sinon aux ingénieurs des mines, tout au moins aux gardes-mines. L'administration

(*) A cette date, le gouvernement sarde se décida à envoyer ses ingénieurs se former à l'Ecole des mines de Paris. Les deux premiers furent Q. Sella, l'éminent homme d'Etat, et Giordano, encore inspecteur général de 1re classe du corps italien, qui entrèrent à l'Ecole de Paris en 1847.

française ne crut pas, avec raison, devoir donner une suite à ces demandes. L'expérience faite de 1802 à 1814 avait suffi pour montrer l'erreur commise. Cette tentative n'a servi qu'à établir l'habileté technique de Schreiber comme exploitant de mines métalliques (*), et à provoquer les belles et importantes études de Brochant de Villiers sur la géologie des Alpes. L'expérience eût été encore plus désastreuse si les professeurs n'avaient pris sur eux de transporter à Moutiers, autant que les choses le permettaient, les méthodes et l'organisation que le conseil des mines avait su créer dans l'École de la rue de l'Université.

(*) Le souvenir de Schreiber a été longtemps conservé en Savoie; ses talents et son caractère commandaient le respect; sa bienveillance lui assurait l'amicale reconnaissance de tous.

CHAPITRE VI.

L'ÉCOLE DES MINES A PARIS DEPUIS 1814.

§ 1.

L'École jusqu'à son installation à l'hôtel Vendôme.

Chassés par l'invasion de la Savoie, que le traité du 30 mai 1814 devait rendre à la Sardaigne, les quelques élèves (*) qui n'avaient pas encore terminé le cours de leurs études pouvaient être réunis à la direction générale des mines à Paris; le laboratoire et les collections restés à l'hôtel de Mouchy depuis le transfert de l'École à Moutiers offraient des moyens d'instruction supérieurs à ceux dont on disposait en Savoie. Les trois professeurs, qui se trouvaient à Paris, pouvaient donner leurs leçons, et Collet-Descotils qui, depuis 1802, était resté directeur du laboratoire, pouvait, en reprenant le cours de docimasie, combler notamment la lacune qu'avait présentée à cet égard l'enseignement de Moutiers.

Mais à peine remonté sur le trône, Louis XVIII manifesta son désir de restituer aux anciens propriétaires leurs biens séquestrés qui n'avaient pas encore été aliénés. Une ordonnance du 18 juin 1814 enjoignit notamment de rendre au prince de Poix l'hôtel de Mouchy. Après avoir hésité entre plusieurs bâtiments dépendant de diverses administrations, la direction générale des mines se décida à louer, à partir du 1er juillet 1814, pour

(*) Les élèves rentrés à Paris étaient fort peu nombreux : la dernière promotion, celle de 1813, ne comptait que deux élèves; la promotion précédente n'en avait qu'un qui fût resté français; des cinq élèves de la promotion de 1811, deux quittèrent la France. Aucun élève ne sortit de l'Ecole polytechnique dans les mines en 1814, 1815 et 1816.

douze ans, au prince de Bourbon-Condé, qui en avait repris possession, l'hôtel du Petit-Luxembourg, y compris les communs, au prix annuel de 23.000 francs. Le déménagement de la rue de l'Université au Luxembourg se fit immédiatement. La direction générale des mines toujours confiée au comte Laumond, l'École, ses collections, sa bibliothèque et ses laboratoires, ceux-ci établis dans les communs, ne tardèrent pas à être installés (*); l'École se trouvait en état de fonctionner et put fonctionner dans l'hiver 1814-1815 aussi bien que les événements de l'époque pouvaient le permettre.

Collet-Descotils, sur lequel on fondait justement de si grandes espérances, avait été nommé directeur de l'École le 1er août 1814.

L'installation était à peine terminée au Petit-Luxembourg qu'il fallait à nouveau évacuer ce local. A la date du 17 juillet 1815, la direction générale des mines était supprimée, et le service des mines réuni à celui des ponts et chaussées dans une direction générale des ponts et chaussées et des mines confiée au comte Molé. A la même date, le Petit-Luxembourg était affecté à la résidence du chancelier, président de la Chambre des pairs.

Pour installer l'École et ses collections on fit choix de l'hôtel Vendôme, sis rue d'Enfer, 34, dont une partie fut prise à bail, à cet effet, pour 9 ans, à partir du 14 août 1815; le voisinage du Petit-Luxembourg dut être une des causes déterminantes de ce choix.

Collet-Descotils commençait à être atteint de la longue maladie à laquelle il devait succomber, à 42 ans, le 6 dé-

(*) Vuitry, dans son rapport sur la loi du 12 juillet 1837, estime à 90.000 francs les frais occasionnés par le déménagement de la rue de l'Université au Petit-Luxembourg. Ces frais furent soldés par un prélèvement sur les fonds provenant de Pesey qui restaient disponibles.

Le déménagement des collections fut fait par Tonnelier, qui en avait toujours la garde, aidé par l'ingénieur Clère.

cembre 1815. Lefroy, qui avait déjà contribué à l'installation de l'École de Moutiers, en 1803, et au déménagement de la rue de l'Université au Petit-Luxembourg, fut chargé d'opérer ce nouveau déménagement et de faire à l'hôtel Vendôme les travaux strictement indispensables (*) pour que l'École pût fonctionner. Migneron lui fut adjoint pour le déménagement et la réinstallation des collections (**).

Les locaux loués à l'hôtel Vendôme étaient partiellement occupés par un détachement de soldats prussiens, dont il fallut tout d'abord obtenir l'évacuation avant qu'on pût sérieusement s'occuper de la nouvelle installation (***). Grâce à l'activité et à l'habileté déployées par Lefroy, elle était assez avancée pour qu'au commencement de novembre 1815 les élèves pussent venir travailler à l'École dans les salles d'étude. A la place de Collet-Descotils, empêché par la maladie, Lefroy, outre ses fonctions officielles d'architecte, remplissait en fait celles d'inspecteur des études. Les professeurs constituaient un comité d'instruction, que présidait leur doyen Baillet du

---

(*) La dépense, y compris celle du déménagement, ne s'éleva qu'à une vingtaine de mille francs. Vuitry, dans son rapport sur la loi du 12 juillet 1837, a parlé d'une dépense de 50.000 francs. C'est exact, si l'on comprend les dépenses de premier établissement faites ultérieurement en 1819. Toutes ces dépenses furent aussi imputées sur les fonds provenant de Pesey.

(**) Un choix d'échantillons dut être envoyé à l'Académie de Berlin.

(***) Le chancelier de France Dambray, pressé d'occuper le Petit-Luxembourg, écrivait le 6 septembre 1815 au comte Molé : « ... Les ingénieurs que vous avez bien voulu charger de cette opération (le déménagement) m'observent qu'elle se ferait d'une manière plus commode et plus expéditive si vous pouviez dégager l'hôtel Vendôme des prussiens qui occupent encore le rez-de-chaussée et dont le voisinage inquiète un peu pour la sûreté de la précieuse collection qui doit y être déposée ; il me suffit à cet égard de donner l'éveil à votre prudence pour que vous preniez toutes les précautions qu'elle vous suggèrera... »

Belloy. Les cours commencèrent le 11 janvier 1816 avec le roulement normal à deux leçons par semaine pour chaque matière, le cours de minéralogie et géologie ayant été seul rendu public par une décision spéciale de décembre 1815. En somme, l'École fonctionnait, en fait, à l'hôtel Vendôme, suivant les traditions anciennes, encore que ce ne dût être que par l'ordonnance du 5 décembre 1816 que son organisation devait être définitivement réglée.

A la place de Descotils, décédé, et sur le refus de Gallois qui, par modestie, crut devoir décliner les fonctions de professeur de docimasie et de directeur du laboratoire, Berthier (*) en fut chargé, à la date du 24 mai 1816, et commença cet enseignement si original et si profond qu'il devait donner pendant 30 ans.

§ 2.

L'hôtel Vendôme et ses transformations successives.

L'hôtel Vendôme, où l'École des mines allait enfin trouver la stabilité nécessaire au fructueux développement de pareilles institutions, avait été élevé en 1707 pour les Chartreux, sur les dessins de Courtonne, archi-

(*) Berthier, né le 3 juillet 1782, mort le 24 août 1861, avait été de la promotion de 1801 qui, après un an d'études à Paris, dut aller achever son instruction à Moutiers; il y resta élève jusqu'en 1805, puis six mois comme ingénieur attaché à la direction de l'Ecole.

Berthier est resté professeur titulaire de docimasie jusqu'en 1845. Nommé professeur honoraire, il avait conservé son laboratoire à l'Ecole, à la demande de Dufrénoy.

M. Daubrée a consacré à Berthier et à ses travaux, une notice détaillée parue dans les *Annales des mines*, 6e série, t. XV, p. 1.

Il nous suffira de rappeler ici le caractère spécial et l'importance exceptionnelle de son enseignement par le développement donné aux *Essais par la voie sèche*, dont il a fait un traité resté justement célèbre.

tecte du roi, en même temps que les maisons contiguës jusqu'à la porte d'entrée de leur monastère, situé dans la rue d'Enfer. Ces religieux vendirent à vie l'hôtel à la duchesse de Vendôme, qui le fit agrandir sous la direction de Le Blond (*).

Le bâtiment primitif, construit par Courtonne, parallèlement à la rue d'Enfer, de 8 toises de large sur 16 de long, forme la partie centrale, à neuf fenêtres cintrées, du bâtiment actuel situé sur la terrasse du jardin. Le bâtiment était à un étage sur rez-de-chaussée, avec second étage en attique sur le jardin. Le Blond porta la longueur du bâtiment à 27 toises, en l'allongeant à chaque extrémité par un pavillon à trois fenêtres en plate-bande, un peu en retrait sur le corps principal du côté du jardin. Les appartements du rez-de-chaussée et du premier étage donnant sur le jardin étaient réputés pour la beauté des pièces en enfilade qu'ils offraient sur leur longueur de 50 mètres. Le second étage, resté en attique au milieu sur le jardin, avait l'inconvénient de ne pas être de niveau dans son plancher.

Sur la rue d'Enfer fut établie une grande cour d'honneur, à pans coupés du côté de la rue, d'une profondeur de 18 toises et demie, située vers l'extrémité nord du bâtiment. Cette cour communiquait avec deux basses cours, situées de part et d'autre de la première, dont l'une, celle du nord, de forme circulaire; ces deux cours étaient séparées de la cour d'honneur par de simples murs de 12 pieds de haut, avec ouvertures au milieu. Les basses cours étaient entourées des écuries et re-

(*) D'Aviler, dans l'édition de 1738 de son *Cours d'architecture*, a donné la description de l'hôtel restauré par Le Blond, p. 213-216, et reproduit les plans n° 63, D, E, F, G, p. 209.

Le plan du jardin a été reproduit par Blondel, *Architecture française*, 1752, t. II, p. 56; Blondel a, en outre, rectifié diverses erreurs d'attribution commises par d'Aviler.

mises, qui étaient surmontées de logements mansardés pour les gens de service. La basse cour du sud ouvrait directement sur la rue d'Enfer par une porte distincte.

L'hôtel avait un vaste jardin d'agrément du côté du Luxembourg, entre le jardin de ce palais, au nord, et le clos des Chartreux, au sud, mais de forme malheureusement très irrégulière; il dessinait une sorte de fer de lance qui s'appuyait à la base contre la terrasse régnant sur toute la longueur du bâtiment de l'hôtel, soit sur une longueur de quelque 65 mètres, et dont l'extrême pointe s'avançait jusqu'à environ 200 mètres du bâtiment. Un jardin potager de moindre importance se trouvait le long de la basse cour du côté sud.

En 1790, l'hôtel et son jardin avaient été saisis en même temps que l'enclos et tous les biens des Chartreux qui occupaient une si vaste étendue au sud du jardin du Luxembourg (*).

L'hôtel et ses jardins, comprenant une superficie totale de 6.027 toises (22.894 mètres carrés), furent vendus comme bien national, suivant procès-verbal d'adjudication des commissaires de la commune de Paris du 3 mars 1791, au prix de 332.800 livres, au sieur Alex. Rich. Rousseau, ancien notaire au Châtelet de Paris et ancien secrétaire du roi. En 1807, les propriétaires vendirent au Sénat une partie du jardin, du côté de l'ouest, sur une étendue de 9.436 mètres carrés, pour compléter le jardin du Luxembourg, avec interdiction de bâtir sur la partie cédée. En 1815, l'hôtel et les jardins y attenant, appartenant à M. Costé, écuyer, conseiller honoraire à la Cour de Rouen, comprenaient encore une superficie de 7.163 mètres carrés, dont en bâtiments 1.321 mètres

(*) La limite est-ouest entre le clos des Chartreux, au sud, et le jardin primitif du Luxembourg, au nord, passait approximativement au point où viennent aboutir les balustrades des deux terrasses qui entourent le parterre.

carrés, et le surplus en cours et jardins : l'un, d'agrément, est le jardin actuel, qui s'étend entre le bâtiment principal et le jardin du Luxembourg; l'autre, dit jardin potager, de 2.340 mètres carrés, longeait l'aile sud entre la rue d'Enfer et le premier jardin (*), comme on peut le voir dans la pl. I.

Lorsqu'en août 1815 l'École des mines s'établit à l'hôtel Vendôme, ce ne fut qu'à titre assez précaire par un bail de 9 ans; jusqu'à la loi du 12 juillet 1837 (**) par laquelle l'État en fit l'acquisition, elle fut plusieurs fois menacée de recommencer ses pérégrinations non plus en province où toute idée de la rétablir était définitivement abandonnée, mais tout au moins à Paris.

Dès qu'en 1817 on se préoccupa de faire fonctionner l'École conformément à sa nouvelle charte organique du 5 décembre 1816, on reconnut la nécessité de nouveaux travaux d'aménagement qui décidèrent de prolonger immédiatement le bail de 9 autres années, à partir du 1er octobre 1824, au prix de 9.600 francs au lieu du prix primitif de 8.800. On renouvela le bail successivement pour trois ans, et enfin, en dernier lieu, pour 2 ans, au prix de 12.000 francs. Le bail, qui avait été successivement étendu à la presque totalité des dépendances formant ailes sur les cours, n'avait jamais compris le second étage, qui était desservi par un escalier distinct donnant

---

(*) Cette partie du jardin n'est pas figurée dans le plan donné par Blondel en 1752; elle figure en vacant sur le grand plan de Paris, de Bretez, de 1734-1739.

(**) La loi, avec son exposé des motifs, fut présentée à la Chambre des députés le 18 mai 1837 (*Monit.* du 19 mai); elle fit l'objet de la part de M. Vuitry d'un rapport très developpé, déposé le 9 juin (*Monit.* du 10), dont sont tirés en partie les renseignements donnés par nous; adoptée sans discussion à la Chambre des députés le 27 juin, elle fut présentée à la Chambre des pairs le 1er juillet, fit l'objet d'un rapport du duc d'Istries déposé le 6 juillet (*Monit.* du 7), et adoptée sans discussion le 8 juillet.

sur la basse cour du midi et fut occupé par le propriétaire et sa famille ou divers locataires jusqu'à l'achat en 1837. La partie du jardin située au midi, dite jardin potager, n'avait non plus jamais été comprise dans le bail; Lefroy, qui était logé à l'École en sa qualité d'inspecteur, et avait son appartement dans l'étage mansardé des dépendances de l'aile sud, avait loué ce jardin pour son usage particulier (*).

Au début, en 1815, lorsque l'École s'installa à l'hôtel Vendôme, sous un simple régime de fait, on s'était borné aux installations les plus indispensables. Une salle d'étude et de dessin avait été aménagée pour les élèves au rez-de-chaussée; les collections méthodiques de minéralogie et de géologie avaient été disposées dans les sept salles en enfilade au premier étage sur le jardin; la bibliothèque avait été installée dans les trois salles du rez-de-chaussée, au nord, sur le jardin; l'une de ces salles servait de salle au conseil quand il se réunissait, condamnant ainsi l'usage de la bibliothèque pendant ses réunions; cette même salle servait pour le cours de minéralogie et géologie, le seul qui fût public; les laboratoires avaient été installés dans un petit bâtiment, formant dépendance, à l'angle nord du corps principal, destiné anciennement aux cuisines au rez-de-chaussée et au logement du personnel des cuisines au-dessus; les laboratoires offraient sept places, ce qui permettait, par un roulement à deux brigades, d'avoir un effectif de 14 élèves travaillant au laboratoire et au dessin. Tout le restant des collections, dépôts, modèles, etc..., restait entassé, non rangé, dans les autres pièces.

(*) Le jardin principal faisait au contraire partie des locations de l'État; il était et resta affecté à l'usage des élèves jusqu'à une date relativement assez récente. La légende, qui s'appuie toujours sur l'histoire, dit-on, prétend qu'il était réputé particulièrement propice à la préparation des examens.

En 1819, après que l'École eut reçu son organisation stable et définitive par l'ordonnance du 5 décembre 1816 et les règlements qui suivirent cette ordonnance, après que le nouveau bail eut assuré un peu plus de stabilité matérielle et donné plus d'espace disponible, de nouveaux travaux d'aménagement furent repris (*). Ils permirent de porter à 10 le nombre des places du laboratoire, en étendant celui-ci dans les dépendances de l'aile nord, et par suite d'avoir un effectif de 20 élèves au moins pouvant, par roulement, travailler toute l'année au laboratoire; la bibliothèque fut augmentée d'une pièce, et on put songer à mettre un peu d'ordre dans les collections restées jusque-là entassées (**), notamment dans les collections statistiques départementales et de modèles (***), qui avaient pris l'accroissement que nous avons mentionné p. 47.

Malgré d'autres développements successifs donnés aux installations, spécialement en 1822 (****), la situation de

(*) Les dépenses s'élevèrent à quelque 20.000 francs, à nouveau pris sur les fonds restés disponibles de Pesey. Comme toujours Lefroy fut chargé de la direction immédiate de ces travaux, ce dont il s'acquittait avec une habileté et une économie justement remarquées.

(**) A cette occasion, Dufrénoy, qui venait à peine de terminer ses études, fut adjoint à Lefroy pour le rangement des collections; il entra ainsi au service de cette École, où il devait passer les 50 années de sa vie et qu'il devait élever à un si haut degré de prospérité.

(***) Ces collections, avons-nous dit (p. 47), étaient plus nombreuses que scientifiques. Dans les quelque 100.000 échantillons ou objets qu'elles comprenaient, Brochant de Villiers, en 1816, avait disposé une collection systématique de minéralogie, classée d'après le système français, ne comptant guère plus de 800 échantillons; il y avait, en outre, une collection spéciale classée d'après le système de Werner, qui pouvait avoir environ 500 échantillons (voir p. 68, note 1).

(****) Pour l'année scolaire 1821-1822, l'administration avait accordé un crédit extraordinaire de 21.600 francs, qui fut principalement employé à acquérir et installer le mobilier nécessaire pour le rangement des collections.

tous les services resta toujours fort misérable, faute de place suffisante. Les salles d'étude, dont une partie avait été reportée à l'entresol sur la cour, étaient mal éclairées, insuffisantes par suite du nombre croissant d'élèves, dispersées çà et là de manière à rendre la surveillance malaisée. Les salles de laboratoire étaient petites, mal disposées, humides et présentaient trop peu d'élévation. Les collections qui s'augmentaient sans cesse (*) continuaient à s'entasser sans ordre, en partie non déballées ; les salles qui leur étaient consacrées devenaient inabordables par suite de cet encombrement. La surveillance générale était rendue bien difficile par la présence des locataires étrangers qui occupaient tout le second de l'hôtel, en sorte que l'administration de l'École n'avait même aucune action sur le portier-concierge, personnage dont le rôle ne laisse pas de jouer, on le sait, une certaine importance dans la discipline intérieure d'une École.

Aussi dès 1823 le conseil de l'École avait-il demandé l'achat de l'hôtel pour que l'administration, absolument et définitivement maîtresse de ses actes, pût donner à l'institution déjà si florissante (**) tous les développements qui lui étaient nécessaires. Ce projet ne devait aboutir que sous le gouvernement de Juillet, par la loi du 12 juillet 1837, après que l'École eut subi une assez profonde transformation et dans son administration et dans son enseignement. Avant de se décider à l'achat de l'hôtel, le gouvernement avait même étudié la possibilité de transporter l'École soit à l'hôtel d'Orsay, soit à l'hôtel de la

(*) Tandis qu'en 1816 l'ensemble des collections était réputé représenter quelque 100.000 échantillons, dès 1820, Brochant de Villiers les mentionnait comme en comprenant 140.000. La seule collection systématique de minéralogie était passée, en quatre ans, de 800 à 4.000 échantillons.

(**) En 1823, l'effectif des élèves titulaires était d'une trentaine, non compris une douzaine d'élèves autorisés dont plusieurs ne différaient guère des véritables élèves titulaires.

rue des Saint-Pères, aujourd'hui occupé par l'École des ponts et chaussées, et siège alors de l'administration générale des ponts et chaussées et des mines.

L'hôtel et toutes ses dépendances furent enfin achetés par l'administration, en vertu de la loi du 12 juillet 1837, pour le prix principal de 380.000 francs. Le dessin de la planche I donne le plan de l'hôtel et de ses dépendances au moment de l'acquisition (*). La loi allouait en outre un crédit de 50.000 francs pour travaux de réparation et de restauration, devenus d'une nécessité urgente. Depuis quarante ans l'hôtel Vendôme avait pour ainsi dire cessé d'être entretenu.

Ces travaux de restauration furent confiés à Lefroy qui, devenu inspecteur général des mines, avait officiellement remis à Dufrénoy, en 1836, l'inspection de l'École, que celui-ci exerçait en fait depuis 1834, en qualité d'inspecteur-adjoint. Ces travaux furent exécutés en 1837-1838; ce fut, à tous égards, pour Lefroy, le digne couronnement d'une carrière où cet ingénieur avait donné fréquemment des preuves remarquables de ses talents d'architecte et d'administrateur. Le crédit voté par les Chambres pour l'ensemble de toutes les opérations de l'achat et de la restauration, avait été de 435.000 francs. Lefroy, qui fut chargé de suivre l'ensemble de l'affaire, sut tout exécuter de la façon la plus satisfaisante en restant de 1f,05 au-dessous du crédit, ce qui lui valut de chaudes félicitations de l'administration, pour un exemple certainement rare en circonstances pareilles.

Ces travaux de réparations terminés, il fallut reprendre le projet d'agrandissement devenu de plus en plus indispensable. Un projet dressé par Lefroy d'après

(*) Ce plan est la reproduction de celui qui, dressé par Lefroy, est annexé à l'acte d'acquisition des 26-29 août 1837, dont la minute est déposée en l'étude de Me Berceon, notaire, à l'obligeance duquel nous devons d'avoir pu reproduire ce document.

les indications du conseil de l'École, avait été soumis aux Chambres par le gouvernement avec la loi de 1837 (*), mais celles-ci avaient provisoirement ajourné le travail. Le plan auquel on s'arrêta définitivement (**), après diverses modifications successives, et qui fut exécuté de 1840 à 1852 pour le gros-œuvre, ne s'écartait pas sensiblement, dans ses grandes lignes, de celui proposé par Lefroy (***).

Le bâtiment principal de l'ancien hôtel Vendôme, parallèle à la rue d'Enfer, fut allongé par la construction, à chacune de ses extrémités nord et sud, d'un pavillon de 15 mètres de longueur sur 15 mètres de profondeur. Les dépendances en ailes transversales, à rez-de-chaussée et mansardes, de l'ancien hôtel, furent enlevées; deux ailes transversales de 9 mètres de largeur furent implantées à leur place, s'étendant du bâtiment principal à la rue d'Enfer; ces ailes étaient à premier et second étages, se raccordant avec ceux de ce bâtiment principal. Ces deux ailes enserraient ainsi une vaste cour de 25 mètres de profondeur sur 32 mètres de largeur, fermée sur la rue d'Enfer par une grille avec arcades en maçonnerie. Deux autres cours de moindre importance bordaient les ailes au nord et au sud.

Les laboratoires étaient placés au rez-de-chaussée de l'aile nord; ils étaient construits de telle sorte qu'ils offraient 22 places et permettaient d'avoir un effectif de 44 élèves travaillant toute l'année, par périodes, au labo-

(*) Le projet de Lefroy soumis au Parlement comportait une dépense de 315.000 francs.

(**) Le plan fut préparé par Duquesney, architecte des bâtiments civils, d'après les indications données par le conseil de l'École et suivant rectifications demandées par celui-ci.

(***) La différence essentielle avec le plan de Lefroy consiste dans ce que les deux ailes transversales n'avaient été prévues par lui qu'à rez-de-chaussée, tandis qu'elles furent exécutées avec premier et second étages comme le bâtiment principal.

ratoire; les salles d'étude et de dessin étaient en face dans l'autre aile.

Les constructions se firent successivement, d'abord à raison de nécessités budgétaires qui forçaient à les répartir sur plusieurs exercices, puis de façon à ne pas interrompre les études; on se bornait à déplacer les salles de travail suivant l'état des constructions.

Le bâtiment des laboratoires, qui fut le premier entrepris, était terminé pour l'année scolaire 1844-1845. On construisit ensuite successivement le pavillon nord, à l'extrémité du bâtiment principal, le pavillon sud à l'autre extrémité et enfin l'aile transversale sud. Vers 1852, les constructions proprement dites étaient terminées et il ne restait que des travaux d'appropriation intérieure, installation des collections, etc.

La dessin de la planche II représente l'état de l'Ecole des mines à la suite de cette première transformation.

A peine était-elle achevée, tout était à recommencer en 1860 par suite du percement projeté du boulevard Saint-Michel; les deux ailes transversales étaient coupées vers leur milieu légèrement en biais; le sol de la nouvelle voie se trouvait en outre sensiblement en contrebas de celui de l'ancienne rue. Les nouveaux travaux de l'École furent quelque peu retardés par la remise, qui était nécessaire, au nord, de terrains appartenant au Sénat. L'importance des travaux (*), la rapidité relative avec laquelle ils devaient être menés, le nombre d'élèves alors présents à l'École, tout concourait pour qu'il fût impossible, comme jadis, de déplacer successivement, au cours des constructions, et suivant leur état, les salles destinées à l'instruction. La Préfecture de la Seine remit donc à l'École, pendant la période des constructions, une

(*) Le devis des constructions projetées montait à 1.200.000 fr.

maison située en face, rue d'Enfer, n° 13, où furent établis des laboratoires provisoires.

Commencées en 1861, les nouvelles constructions, telles qu'on peut les voir aujourd'hui et que les représente suffisamment le dessin de la planche III, furent terminées en 1866.

Depuis, il n'a plus été fait à l'École que de simples appropriations intérieures, des changements de destination de diverses pièces. Les deux principaux ont consisté, de 1876 à 1879, dans l'extension des salles attribuées à la collection de paléontologie (*), et, un peu plus tard, dans la transformation en salles couvertes pour les collections de modèles (**), des deux petites cours surélevées, situées sur le boulevard de part et d'autre de l'entrée principale.

La collection de paléontologie, à la suite de ces dernières transformations, a pu disposer de tout le second étage de l'ancien bâtiment principal donnant sur le jardin; elle s'est étendue au sud (***) dans les pièces antérieurement dévolues aux logements de l'inspecteur et du directeur; ces logements ont été reportés dans le bâtiment neuf en façade sur le boulevard, au nord de l'ensemble des constructions de l'École (****). Les collections de minéralogie

(*) Voir sur l'origine et les développements de la collection de paléontologie la notice spéciale placée aux annexes.

L'extension des collections de paléontologie dans tout le second étage de l'ancien bâtiment de l'École a donné lieu, en 1876, à de nombreuses discussions dont l'écho a retenti jusque dans le Parlement. Gambetta avait mis son influence à la réussite de ce plan dont il entretint la Chambre des députés dans la séance du 1er décembre 1876 (*Journal officiel* du 2, p. 8926, col. 2 et 3).

(**) Les modèles placés dans ces nouvelles salles proviennent presque tous de modèles qui avaient figuré à l'Exposition universelle de 1878 et qui ont été donnés à l'École par les exposants.

(***) Ces travaux d'aménagement de la collection de paléontologie ont coûté 350.000 francs.

(****) Dans le plan primitif dressé en 1860, le directeur et l'inspec-

et de géologie (*) disposent également, au-dessous de la collection de paléontologie, de tout le premier étage de l'ancien bâtiment en façade sur le jardin; les deux collections furent reliées l'une à l'autre par un escalier intérieur spécial.

Les nouveaux laboratoires ont été installés dans un bâtiment spécial construit, à cet effet, à l'angle nord-ouest du massif des constructions de l'École, du côté du Luxembourg (**). Ils offrent aux élèves 32 places. Outre les laboratoires des élèves et leurs dépendances, ce bâtiment contient également, au premier étage, le bureau d'essais et un amphithéâtre pour les leçons; à l'étage au-dessus, du côté du Luxembourg, sont les laboratoires des professeurs, et, du côté du boulevard Saint-Michel, les salles de dessin pour les élèves.

§ 3.

L'École des mines sous le gouvernement de la Restauration.

Lorsqu'en 1815 l'École s'établit à l'hôtel Vendôme, elle

---

teur devaient être logés dans le bâtiment spécial, portant le n° 64, élevé sur le boulevard à l'extrémité sud des constructions de l'École. Mais ce bâtiment a reçu une autre destination; il sert en partie au service de la carte géologique détaillée de la France et en partie au logement d'employés du Sénat.

(*) Voir sur l'origine et le développement de ces collections les notices spéciales placées aux annexes.

(**) Les nouveaux laboratoires ont été décrits et figurés (*Encyclopédie chimique* de Fremy, t. Ier, 1er fascicule; et *Annales des Mines*, 7e série, t. XX, p. 535), par M. Ad. Carnot, inspecteur de l'Ecole des mines, aujourd'hui chargé de leur surveillance à titre de professeur de docimasie. M. Ad. Carnot, dans cet article, qui a été publié à part, donne d'intéressants renseignements historiques et statistiques tant sur les laboratoires des élèves que sur le bureau d'essais de l'École; il fournit aussi des indications sur les Berthier, Ebelmen et Rivot, qui se sont successivement succédé depuis 1815 dans la chaire qu'il occupe aujourd'hui.

commença à fonctionner sous un régime de fait comme dans son court passage au Petit-Luxembourg. On continuait le régime de Moutiers, ou, ce qui serait plus exact, on reprenait les traditions de l'École de la rue de l'Université. Un an seulement après l'installation à l'hôtel Vendôme, le régime et le fonctionnement de l'École furent légalement et définitivement fixés par l'ordonnance du 5 décembre 1816, complétée par les deux arrêtés ministériels des 6 décembre 1816 et 3 juin 1817, portant règlement, le premier pour les élèves ingénieurs, et l'autre pour les élèves externes (*).

Désireux de renouer les traditions du passé, en allant au delà et par-dessus la Révolution, le gouvernement de la Restauration, dans l'article 1er de l'ordonnance du 5 décembre 1816, semblait représenter l'École « rétablie à Paris » comme la continuation immédiate de celle « créée par l'arrêt du conseil d'État du roi du 19 mars 1783 » (**). C'était en réalité faire beaucoup d'honneur

(*) Ces trois documents se trouvent dans : Lamé Fleury, *Recueil des lois, décrets et ordonnances*, etc., t. II, p. 491 et suiv.

(**) Avant de statuer définitivement sur le sort de l'École des mines de Paris, le gouvernement de la Restauration avait créé, par ordonnance du 2 août 1816, une *École de mineurs* à Saint-Étienne ; le préambule de cette ordonnance la motiva sur « l'urgence de remplacer les écoles pratiques des mines établies à Pesey et Geislautern. » Mais cette *École de mineurs*, suivant la qualification que lui donne l'ordonnance, devait correspondre, dans l'esprit de ses fondateurs, à une autre destination que celle de l'École des mines de Paris. Celle-ci devait rester une école de haut enseignement pour les membres du corps des mines et pour les jeunes gens destinés à devenir « directeurs d'exploitations et d'usines », comme le dit l'article 25 de l'ordonnance du 5 décembre 1816 sur l'École des mines de Paris. Celle-là devait être une école professionnelle pour les agents inférieurs, « pour les jeunes gens qui se destinent à l'exploitation et aux travaux des mines », suivant les termes de l'article 1er de l'ordonnance du 2 août 1816 relative à l'École de Saint-Étienne. On sait que, dès le début, sous l'influence de Beaunier, son premier directeur, et plus encore sous celle de ses successeurs, cette École a de plus

à la pauvre École de Sage et oublier que la véritable École des mines, dont celle établie à l'hôtel Vendôme était la continuation, avait été créée rue de l'Université, sous la Convention et le Directoire, par les soins de l'agence et du conseil des mines. L'organisation constituée par les actes de 1816 et 1817 est, en effet, celle de cette École modifiée de façon à tenir compte, d'une part, des enseignements donnés par l'expérience de Moutiers, et, d'autre part, des changements survenus dans l'organisation de l'administration des mines.

L'École devait être administrée par un conseil, présidé par le directeur général (*), composé de trois inspecteurs généraux du corps, des quatre professeurs et de l'inspecteur de l'École; l'École n'eut un directeur que beaucoup plus tard, en 1848; jusque-là, et surtout tant que ces fonctions furent remplies par Lefroy, l'inspecteur n'était que le bras exécutif des décisions du conseil.

Les quatre chaires constituées par l'article 6 de l'ordonnance, qui devaient seules subsister jusque vers 1845 (**), étaient les quatre chaires anciennes de : minéralogie et géologie (***), docimasie, exploitation des

---

en plus dévié de la destination primitivement prévue pour elle, de telle sorte qu'aujourd'hui, en apparence du moins, le programme de son enseignement ne diffère guère dans ses grandes lignes de celui de l'École de Paris.

(*) Le Directeur général ne présida pour ainsi dire jamais le conseil dont, à peu d'exceptions près, les délibérations ont toujours été sanctionnées par l'administration supérieure, de sorte qu'on peut dire qu'en réalité le conseil administrait l'École; cela est surtout vrai sous la Restauration.

(**) De cette époque commencent en fait dans l'enseignement des modifications profondes qui ne devaient être consacrées en droit qu'en 1848.

(***) La chaire de minéralogie et géologie ne fut officiellement dédoublée dans les deux chaires actuelles de minéralogie et de géologie que lorsque Brochant de Villiers donna sa démission de professeur titulaire en 1835; mais toutefois, depuis 1827, les

mines, minéralurgie, qu'occupèrent respectivement les quatre professeurs qui nous sont déjà bien connus : Brochant de Villiers, Berthier, Baillet et Hassenfratz. On revenait officiellement à l'enseignement théorique complet de l'École de la Convention et du Directoire et non à celui si mal conçu par Chaptal pour l'École de Moutiers.

Tandis que, dans l'École de la Convention et du Directoire, les quatre cours étaient publics, sous la Restauration, comme depuis d'ailleurs, le cours de minéralogie et de géologie fut seul public en vertu d'une décision spéciale rendue, en décembre 1815, avant l'ordonnance du 5 décembre 1816 qui resta muette sur ce point.

Il était prévu qu'il y aurait un maître de dessin et des maîtres de langues allemande et anglaise, de l'absence desquels on s'était, nous l'avons dit, si justement plaint à Moutiers; toutefois, pour les langues étrangères, l'art. 7, § 2, ne prévoyait leur enseignement qu'à titre facultatif pour « ceux des élèves qui se feront distinguer par leur travail et leur bonne conduite » (*); en fait, dès 1818, les leçons d'allemand se trouvaient régulièrement établies.

Le professeur de docimasie, aux termes de l'art. 8, était en même temps chef du laboratoire « et chargé, à ce titre, de faire tous les essais et toutes les analyses qui lui seront ordonnés par le directeur général et le conseil de l'École, et d'en tenir un registre exact ». C'était là

---

deux cours étaient professés à part : par Dufrénoy pour la minéralogie, et par Élie de Beaumont pour la géologie, tous deux en qualité de professeurs-adjoints à Brochant.

(*) Dans l'année 1816-1817, Dufrénoy et Thibaud, qui constituaient à eux deux l'effectif des élèves de l'École, demandèrent à bénéficier de cette disposition. Le directeur général leur répondit en priant le conseil d'adresser aux deux élèves, en son nom, les plus vives félicitations pour leur application et leur conduite, mais de leur exprimer ses regrets de ne pouvoir, faute de fonds, leur procurer un professeur d'allemand.

aussi la continuation des traditions de la rue de l'Université, et ce fut l'origine du bureau d'essais, constitué en 1845, qui mit gratuitement le laboratoire de l'École à la disposition du public.

Suivant, sur un autre point, les traditions de l'établissement multiple constitué sous la Convention à l'hôtel de Mouchy, l'ordonnance de 1816 ne s'était pas bornée à prévoir à l'École la constitution d'une bibliothèque et des collections de minéralogie, de géologie, et de modèles, etc., inséparables d'une pareille institution; par son article 12, l'ordonnance avait confié au conseil de l'École le mandat « de recueillir et de rassembler tous les matériaux nécessaires pour compléter la description minéralogique de la France », et, par suite, de créer les collections et d'éditer les cartes géologiques, topographiques et statistiques à ce nécessaires. En réalité, le conseil de l'École ne s'occupa jamais beaucoup de l'exécution de ces cartes. Toutefois, ce fut en application de la disposition précitée qu'il fut saisi, dans sa séance du 11 juin 1822, d'un rapport, adressé à l'administration le 11 août 1820, par lequel Brochant de Villiers avait indiqué les moyens de nature, suivant lui, à doter le plus promptement possible la France d'une bonne carte géologique. Le conseil ne fit que donner une chaude adhésion au plan de Brochant de Villiers, en priant l'administration de lui en confier l'exécution (*). On sait avec quel succès cette œuvre grandiose fut menée à bien; mais l'administration de l'École se borna à abriter les collections qu'y réunissaient naturellement Brochant de Vil-

(*) Brochant de Villiers s'adjoignit Dufrénoy et Élie de Beaumont. Ils firent un voyage préliminaire de reconnaissance en Angleterre pendant six mois, en 1823. En 1825, ils commencèrent leurs explorations en France. En 1826, de Billy avait été adjoint à Dufrénoy, et Fénéon à Élie de Beaumont.

liers, Dufrénoy (*) et Élie de Beaumont (**), le premier en sa qualité de professeur, les deux autres comme professeurs suppléants, adjoints à la conservation des collections de l'École.

(*) Dufrénoy, né le 5 septembre 1792, mort le 20 mars 1857, appartenait à cette promotion de 1813 qui dut passer successivement par Moutiers, l'hôtel de Mouchy, le Petit-Luxembourg et l'hôtel Vendôme; aussi ne fut-il nommé aspirant qu'en 1818. Il ne quitta plus l'École des mines. Dès 1819 il était adjoint à Lefroy pour la conservation des collections, livres, cartes et plans qu'il s'occupa de débrouiller et de classer jusqu'en 1825, date à partir de laquelle il dut se consacrer plus spécialement au professorat et aux travaux de la carte géologique. Nonobstant ces occupations, en 1834, il devenait inspecteur-adjoint de l'École et inspecteur titulaire en 1836; il occupa, le premier, en 1848, les fonctions de directeur de l'École à cette date déjà transformée par lui; il remplit ces fonctions jusqu'à sa mort.

Dès 1825, il suppléait Brochant de Villiers pour son double cours; à partir de 1827, il ne garda que le cours de minéralogie, dont il devint titulaire en 1835, et qu'il abandonna en 1847 à de Sénarmont pour aller professer au Muséum.

On peut apprécier l'enseignement de Dufrénoy par son *Traité de minéralogie* (3 vol. et atlas, 1841-1847).

De Billy a consacré à Dufrénoy, dans les *Annales des mines* (6e série, t. IV), une notice fort étendue qui résume parfaitement cette vie si bien remplie à tous égards et expose l'ensemble de ses travaux comme savant.

Dufrénoy avait été élu à l'Académie des sciences en 1840.

(**) Élie de Beaumont, né le 25 septembre 1798, mort le 21 septembre 1874, ne peut être séparé de Dufrénoy. La gloire du premier a été plus brillante; ses travaux, comme savant, d'une portée singulièrement plus haute et d'un caractère plus général, marqueront davantage. Il a fait rejaillir sur l'École où il professait la gloire de son nom. Mais les services rendus à l'École et à son enseignement par Dufrénoy, dont l'esprit était plus pratique, ont été d'une tout autre étendue et singulièrement plus féconds pour l'avenir.

Dès sa sortie de l'École, en 1823, Élie de Beaumont alla avec Brochant de Villiers et Dufrénoy faire en Angleterre ce voyage, resté célèbre, qui devait servir de préparation au travail de la carte géologique commencé en 1825. En 1827, il suppléait Brochant de Villiers pour l'enseignement de la géologie dont il devenait professeur titulaire en 1835 pour le rester jusqu'à sa mort. Il est vrai que dès avant 1856, où la suppléance de de Chancour-

L'ordonnance de 1816, continuant aussi les traditions originaires, avait stipulé qu'il y aurait deux classes d'élèves : les élèves ingénieurs, venant de l'École polytechnique, destinés au recrutement du corps des mines, pour lesquels l'École était plus spécialement créée; les élèves externes, « qui seront envoyés soit par les préfets, soit par les concessionnaires ou les propriétaires d'établissements métallurgiques », disait l'art. 14, dans le but principal, suivant l'art. 25, « de former des directeurs d'exploitations et d'usines. » On reconnaîtra sans peine,

---

tois devint officielle, il se fit suppléer par celui-ci, ne faisant plus effectivement chaque année qu'un nombre de leçons plus ou moins restreint. Bien qu'il eût été mis à la retraite en 1868, à raison de l'âge fatidique, et qu'il eût dû à ce titre résigner la vice-présidence du conseil général des mines qu'il occupait depuis 1861, il fut, par mesure exceptionnelle, maintenu professeur titulaire, en même temps qu'il restait chargé de la direction du nouveau service de la carte géologique détaillée de la France.

L'œuvre laissée par Élie de Beaumont comme publiciste est immense. M. Guyerdet (*Annales des Mines*, 7e série, t. VIII, p. 298) a mentionné 235 publications parues de 1822 à 1874. En dehors des notes publiées dans divers recueils dont quelques-unes, telles que celles sur les soulèvements et les émanations métallifères sont absolument capitales, il faut signaler comme ouvrages plus étendus : les *Leçons de géologie pratique* professées au Collège de France (2 vol., 1843-1849); la *Notice sur les systèmes de montagnes* (3 vol. in-12), qui exposait les bases et l'ensemble de la théorie du réseau pentagonal, quelque peu abandonné aujourd'hui en tant que système; le tout, sans parler de la *Description de la carte géologique*, en collaboration avec Dufrénoy.

Élu à l'Académie des sciences en 1835, il remplaça Arago comme secrétaire perpétuel.

Une statue d'Élie de Beaumont a été élevée à Caen en 1876 par souscriptions sur l'initiative de la Société linéenne de Normandie. L'ensemble des discours prononcés dans cette solennité et publiés par les soins de cette Société fait bien connaître la vie et les travaux de ce maître de la géologie française. M. J. Bertrand lui a consacré un éloge historique très developpé (*Mémoires de l'Académie des sciences*, t. XXXIX).

dans ces dispositions, la reproduction presque textuelle des prescriptions antérieures.

L'arrêté ministériel du 3 juin 1817 ajoutait que « les élèves admis indiqueront, à leur entrée à l'École, l'espèce de mine ou d'usine à la conduite de laquelle ils se destinent plus particulièrement, afin que les études de chacun puissent être dirigées vers la partie qu'il aura préférée. » Cette disposition répondait, dans l'esprit des créateurs de cette réglementation, à des habitudes d'enseignement que nous avons signalées à Moutiers, où le professeur variait sensiblement son programme chaque année suivant l'état d'instruction de ses élèves. En fait, ces diverses dispositions ne tardèrent pas à être perdues de vue, si tant est même qu'elles aient été jamais appliquées à Paris. L'enseignement prit presque immédiatement l'allure régulière, avec programmes définis, de cours faits en deux ans. L'admission des élèves externes ne tarda pas, d'autre part, à devenir un concours entre tous ceux qui se présentaient à l'examen d'admission, sans qu'on se soit jamais inquiété de savoir quelle devait être leur destination après la sortie de l'École. De leur provenance on ne s'en occupait que pour appliquer éventuellement une clause par laquelle l'arrêté ministériel du 3 juin 1817, relatif à l'admission des élèves externes, avait modifié l'art. 14 de l'ordonnance de 1816. Sous l'influence des idées de l'époque et conformément aux traditions, cet arrêté stipulait (art. 13) qu'à égalité de mérite la préférence pouvait être donnée aux fils de directeurs ou de concessionnaires de mines, de chefs ou de propriétaires d'usines minéralurgiques. Le premier conseil et l'administration supérieure ont fait une large application de cette disposition ; ils ont souvent donné la préférence avec une inégalité de mérite notable. La clause en question a été maintenue dans les arrêtés ministériels des 30 juillet 1847 et 1er août 1861 qui ont successivement remplacé celui de 1817. Mais après la Restauration il n'a plus été fait qu'une application plus rare et en tout cas plus limitée de cette disposition, qui doit être considérée aujourd'hui comme légalement abrogée (*).

En outre des élèves externes, il y eut dès l'origine des *élèves autorisés*, correspondant à ceux qui, dans notre organisation actuelle, ont été qualifiés *d'élèves libres* et aujourd'hui d'*auditeurs libres.* Ce sont des personnes que l'administration supérieure autorise à suivre les cours de l'École sans qu'elles soient astreintes à subir une épreuve quelconque avant l'entrée ni à passer les examens de fin d'année.

L'idée de ces élèves autorisés, dont il n'était pas question dans l'ordonnance organique de 1816, doit être recherchée dans l'art. 11 de l'arrêté ministériel du 3 juin 1817 (**), qui autorisait les candidats admissibles, mais non admis, à suivre les cours sans prendre part aux exercices qui devaient être réservés aux seuls élèves externes. Mais le gouvernement de la Restauration autorisa discrétionnairement beaucoup d'autres personnes, qui n'avaient jamais subi aucun examen, à jouir de la même faveur; allant encore plus loin, il permit à plusieurs de ces élèves autorisés de participer aux travaux du laboratoire, en sorte qu'il n'y avait guère d'avantages particuliers dont profitassent, par rapport à eux, les élèves externes. Aussi s'explique-t-on sans peine que ceux-ci réclamèrent plus d'une fois contre cette situation d'autant moins tolérable pour eux que le gouvernement de la Restauration usa du système des élèves autorisés

---

(*) Les arrêtés ministériels du 25 juin 1883, qui règlent aujourd'hui l'entrée à l'École, ne contiennent plus trace de cette disposition; il peut être permis de le regretter si l'on songe au but spécial de l'École des mines.

(**) Reproduite dans l'art. 8 de l'arrêté du 30 juillet 1847, la clause a disparu dans l'arrêté de 1861.

à ce point que leur nombre s'éleva jusqu'à une trentaine. Les élèves externes se plaignaient notamment que Berthier favorisât parfois les élèves autorisés qui pouvaient travailler au laboratoire au détriment d'élèves externes qui n'y étaient pas admis. Berthier répondait avec raison qu'il ne lui était pas possible de ne pas tenir compte des ordres de l'administration supérieure, qu'avec l'exiguïté des laboratoires, il ne pouvait souvent disposer que d'une place pour quatre candidats, et que, si certains élèves externes étaient exclus, c'était à raison de leur ignorance à peu près complète en chimie. Jusqu'à l'époque, en effet, où furent établis les cours préparatoires, l'insuffisance de nombreux externes en physique et en chimie préoccupa souvent le conseil; beaucoup d'entre eux n'étaient admis à l'École qu'à la condition de suivre, à la Sorbonne, des cours sur ces matières et de passer convenablement un examen à la fin de leur première année. Plus tard ils ne furent même admis aux exercices préparatoires du laboratoire à la fin de la 1re année que s'ils soutenaient convenablement cet examen.

L'ordonnance de 1816 prévoyait qu'il pourrait y avoir en cours d'instruction simultanément à l'École 9 élèves ingénieurs (art. 13) et 9 élèves externes (art. 14). Les chiffres furent promptement dépassés, même avant la mise en service des nouveaux laboratoires dans l'année scolaire 1844-1845.

Le nombre des élèves ingénieurs dépendit toujours des besoins que l'administration prévoyait dans le service. De 1817 à 1822, les promotions annuelles ne furent que de 3 élèves; à partir de 1823 jusqu'à la fin de la Restauration elles furent de 4 et 5, et comme le plus habituellement les élèves ingénieurs restaient trois ans à l'École, l'effectif était d'une quinzaine d'élèves ingénieurs environ.

Le nombre des élèves externes se réglait naturellement d'après le nombre des places disponibles au laboratoire ; toutefois, comme certains élèves n'y travaillaient qu'un temps relativement réduit, le conseil se montrait moins sévère sur le nombre des admissions. Tout au début, leur nombre ne fut pas très considérable et ne s'écarta guère, pour les deux années de présence utile, de celui fixé par l'ordonnance ; les candidats ne furent pas d'abord très nombreux et peu étaient éliminés aux examens d'entrée (*). Mais peu à peu les jeunes gens qui avaient échoué à l'École polytechnique commencèrent à affluer vers l'École des mines, et vers la fin du gouvernement de la Restauration il y eut jusqu'à 23 et 24 candidats pour 4 places disponibles. Lorsque l'École centrale se fonda en 1829, il y eut un moment d'arrêt dans le mouvement ascensionnel des candidats et même des admis ; beaucoup de jeunes gens préférèrent se diriger vers la nouvelle École ; puis le mouvement ascensionnel ne tarda pas à reprendre et ne cessa par la suite de s'accentuer.

L'ordonnance constitutive de 1816 et les actes originaires qui l'ont accompagnée ne prévoyaient rien explicitement pour les élèves étrangers. Il fut admis que ceux-ci, lorsqu'ils étaient présentés par leurs ambassadeurs, pouvaient être absolument assimilés aux élèves français, tant pour les avantages que pour les sujétions. Dès 1818, un sujet américain fut autorisé à suivre les cours et les exercices sans passer d'examens, et sous le gouvernement de la Restauration 15 élèves étrangers sortirent de l'École, parmi lesquels on doit citer Marianno di Riveiro, qui fut directeur des mines du Chili, et Lesoine, de Liège, sorti avec des notes exceptionnellement brillantes et qui a fait, en Belgique, dans la métallurgie, une carrière si bien remplie.

(*) Pendant les sept premières années, tous les candidats qui se sont présentés paraissent avoir été admis.

Pendant toute la durée du gouvernement de la Restauration, que les observations qui précèdent visent plus spécialement, la vie de l'École s'écoula d'une façon relativement assez uniforme, sauf l'accroissement du nombre d'élèves qui suivit les agrandissements de 1819-1820, et le développement qui put être par suite donné aux collections. Cette régularité d'existence tint à la persistance du personnel dirigeant pendant cette période.

L'École était en fait, on le sait, administrée par le conseil où restèrent tout ce temps les trois inspecteurs généraux Lelièvre, vice-président officiel, mais président effectif, Gillet de Laumont et Duhamel, qui avait remplacé, en 1813, Lefebvre d'Hellancourt, décédé. Lefroy resta tout ce temps également inspecteur agissant exclusivement et directement sous l'action du conseil. Les changements dans le personnel enseignant ne furent pas très sensibles : Baillet et Berthier restèrent respectivement professeurs d'exploitation et de docimasie pendant toute la période ; si, en 1822, Hassenfratz fut remplacé par Guenyveau (*), celui-ci ne paraît pas avoir apporté de

---

(*) Guenyveau, né à Saumur, le 16 mars 1782, mort inspecteur général des mines en retraite le 3 janvier 1861, avait constitué avec Beaunier la première promotion (1802), qui fit toutes ses études à Moutiers. Il y avait décelé, en même temps que Berthier, de la promotion précédente, des aptitudes remarquées pour la chimie, qui le firent appeler en 1806 au laboratoire de l'administration à Paris, pour y travailler sous Descotils. Guenyveau n'a laissé que quelques rares notes de chimie et de métallurgie dans le *Journal des mines* et les premiers volumes des *Annales des mines*. Il a publié en 1824 (1 vol. in-8°) un précis assez sommaire sur les *Principes généraux de métallurgie*, et, en 1835 (1 vol. in-8°), un mémoire sur de *nouveaux procédés pour fabriquer la fonte et le fer en barres*.

Il resta professeur à l'École, de 1822 à 1840, date à laquelle il fut remplacé par Le Play. Cet assez long enseignement de 18 ans ne paraît pas avoir laissé beaucoup de traces. Des légendes même se sont créées qui ne témoigneraient guère en faveur du cours professé par Guenyveau ; tout le monde connaît notamment

changements sensibles dans l'enseignement de son prédécesseur. Brochant de Villiers resta également professeur pendant toute cette période ; il est vrai que, dès 1825, il se fit suppléer par Dufrénoy, tant pour la minéralogie que pour la géologie, et à partir de 1827, par Dufrénoy pour la minéralogie, et par Élie de Beaumont pour la géologie.

Pendant toute cette première période, le conseil, auquel le gouvernement semble avoir laissé une assez grande latitude pour le fonctionnement intérieur de l'École, n'était en quelque sorte que la continuation, presque avec le même personnel, de l'administration qui avait successivement présidé aux destinées de l'École de la Convention et de celle de Moutiers. On s'explique donc que les anciennes traditions, dont plusieurs ont laissé des traces jusqu'à nos jours (*), aient continué à exercer, pendant tout ce temps, une influence prépondérante. Mais en même temps, dès cette première période, furent introduites dans l'enseignement des innovations importantes, caractéristiques de l'enseignement de l'École des mines de Paris : elles avaient été inspirées au conseil par les résultats comparatifs de la double expérience de l'École de la Convention à Paris et de l'École de Moutiers ; en sorte que c'est aussi aux vénérables ancêtres et créateurs de notre administration moderne des mines qu'il faut en faire remonter l'honneur.

---

celle de l'ouvrier et de la tuyère. Nous n'aurions pas parlé de ces souvenirs si nous n'en retrouvions l'écho peu déguisé dans la notice que M. Lefébure de Fourcy a consacrée à Le Play (*Annales des mines*, juillet-août 1882).

(*) Tel est le cas, pour ne citer qu'un détail, de la *moyenne partielle* dont on s'occupe encore, en apparence du moins, pour chaque matière de l'enseignement et qui n'est que la suite de l'ancien *medium* qui jouait jadis un rôle si capital pour le classement et la sortie des élèves, puisque nul ne pouvait sortir de l'École avant d'avoir obtenu son *medium* dans chacune des matières individuellement.

Chacun des quatre cours durait deux ans. La géologie proprement dite, bien que confiée au même professeur, alternait avec la minéralogie, la géologie étant devenue une véritable science avec un corps de doctrine.

Hassenfratz (*) et Guenyveau enseignaient toujours la minéralurgie plutôt que la métallurgie; le cours continuait à comprendre la fabrication de la chaux et du plâtre, des briques et poteries, des verres et cristaux, des couleurs métalliques, des acides et sels minéraux (**). Baillet traitait des divers moteurs à eau (***) et à vapeur, en les intercalant au milieu de son cours d'exploitation, comme la théorie des machines à vapeur se trouve intercalée dans le traité d'exploitation de Combes. C'étaient les premiers indices de la partie de ce cours, qui plus tard devait former le cours de machines, distinct de celui d'exploitation, même quand il resta confié à un seul professeur. Baillet terminait la première partie de son cours par des leçons de lever de plans superficiels et souterrains, tout comme Duhamel, dès l'École de Sage, enseignait la *géométrie souterraine* à la suite de l'exploitation des mines, et comme on voit cette matière figurer dans le *Traité* de Combes.

Tout cet enseignement n'était, en somme, que la continuation de celui inauguré dans l'École de la Convention, mis au courant toutefois des découvertes et progrès faits depuis cette époque.

(*) Nous ne pouvons pour le programme d'Hassenfratz, que renvoyer à ce qui en a été dit p. 65.

(**) En 1836, lors du remaniement des programmes qui eut lieu à cette époque, Guenyveau paraît avoir fait disparaître les parties du cours ne se rattachant pas directement à la métallurgie. Le Play ne les rétablit que partiellement quelques années après.

(***) Avec les machines à eau, Baillet traitait de la construction des digues, étangs, rigoles, tuyaux de conduite et de leurs accessoires, matières rentrant partiellement dans le cours de construction.

L'enseignement théorique donné dans les quatre cours, qui duraient du 15 novembre au 15 avril de chaque année, devait être complété par un enseignement pratique, qui resta toujours particulièrement cher à ceux qui, en 1794, suivirent avec tant de persévérance, mais si peu de succès, l'idée des écoles pratiques, que nous allons voir agiter à nouveau, sans plus aboutir d'ailleurs. Cet enseignement pratique devait être donné partie à Paris, à l'École ou autour de l'École, et partie au dehors.

A l'École, les élèves étaient exercés alternativement, par le système du roulement en brigades, qui persiste encore, au travail de laboratoire et au dessin, et ils étaient censés devoir se livrer à l'étude des collections, de 8 heures à 9 heures et demie du matin. A la suite des cours, ils visitaient à Paris ou aux environs, avec les professeurs de minéralurgie ou d'exploitation, soit des ateliers minéralurgiques (*), soit des exploitations de carrières (**), et ils faisaient des courses géologiques avec le professeur de minéralogie.

(*) Hassenfratz, au début, avait même établi à l'École des fourneaux pour le traitement en grand du fer et du plomb ; mais ces leçons pratiques paraissent avoir cessé assez promptement, un peu peut-être à la suite des réclamations du quartier.

(**) Tout à fait au début de ce système, les professeurs ne faisaient pas moins de quinze visites de cette nature, et il y avait quatre courses minéralogiques.

Les visites industrielles avec les professeurs ont, depuis cette époque, subi des fortunes diverses; tantôt absolument abandonnées, tantôt reprises, mais toujours avec un développement moindre qu'au début. Les visites relatives à l'exploitation, difficiles, il est vrai, autour de Paris, ont notamment cessé depuis longtemps.

En ces derniers temps, des visites industrielles avaient eu lieu librement sous les auspices et par le concours de l'Association des anciens élèves.

Les courses géologiques ont persisté et se sont développées par suite de la grande course géologique d'une semaine qui s'est ajoutée aux courses d'un jour dans les environs de Paris.

Entre la première et la deuxième année, le temps disponible était occupé par des travaux au laboratoire, des exercices de lever de plans superficiels et souterrains, que dirigeait et surveillait l'inspecteur Lefroy, par des exercices de dessin et plus tard par la rédaction des cours suivis dans l'année.

Le conseil ne voyait, dans tous ces exercices, que l'ébauche de l'enseignement pratique qui devait essentiellement s'achever, suivant ses idées persistantes, dans les écoles pratiques et dans les grandes exploitations de mines, comme le portait l'article 22 de l'ordonnance de 1816; l'article 10 de l'arrêté ministériel du 6 décembre 1816, qui reflétait ces idées, avait stipulé qu'aucun élève du corps ne pouvait être promu au grade d'aspirant sans avoir passé trois campagnes ou séjourné douze mois consécutifs dans une école pratique ou dans un établissement de mines et avoir été reconnu à la suite, par le conseil, avoir l'expérience ou les connaissances pratiques nécessaires.

Toutes ces dispositions émanaient, du reste, du conseil qui avait préparé ces actes officiels; on sait trop l'importance qu'il attachait à ces idées pour ne pas deviner avec quelle persistante continuité il insista auprès de l'administration toutes les fois que la plus petite occasion s'en présentait pour demander qu'on le mît à même de se conformer strictement à ces dispositions; il insistait notamment sur la création des écoles pratiques (*). Il est à

(*) Dans une délibération de 1820, le conseil « plein des souvenirs et des heureux résultats de Geislautern et Pesey » demandait instamment : 1° l'octroi d'une concession de mine de houille à l'École de Saint-Étienne; 2° l'achat d'une usine à fer qui, au besoin, eût été gérée par les ingénieurs des mines pour le compte du ministère de la marine ; 3° la création d'une école spéciale sur une concession de mine de plomb et de cuivre argentifères. On reconnaîtra bien là la persistance des idées mises en avant depuis 1794.

peine besoin de dire, d'autre part, que le gouvernement de la Restauration, pas plus d'ailleurs que ceux qui lui succédèrent, ne répondit à ces ouvertures, et ne songea à acquérir et à exploiter les établissements miniers et minéralurgiques nécessaires pour la constitution de ces écoles pratiques (*). Ce ne fut en définitive que par des voyages, tels que la pratique s'en est conservée inaltérée, sauf diverses modifications dans les détails de l'application (**), que put être acquis l'enseignement pratique au

---

(*) La question n'a été examinée tant soit peu sérieusement par l'administration supérieure qu'en 1837-1838, au moment où, en achetant l'hôtel Vendôme, on se disposait à donner à l'École des mines de Paris, dont la vitalité et l'utilité avaient fait leurs preuves par vingt ans d'une brillante existence, tous les développements que cette institution nécessitait.

Le plan alors discuté consistait à créer une école pratique, formant en même temps usine expérimentale, par un établissement composé d'une mine de houille et d'une usine à fer exploitées directement par des ingénieurs des mines. Les élèves y auraient passé deux campagnes, d'un semestre chacune, entre leurs cours théoriques. Dans la première année ils devaient étudier particulièrement les détails, le premier trimestre à la mine, le second à l'usine; ils auraient pratiqué les travaux manuels du mineur et du boiseur, du fondeur, du puddleur et du forgeron; levé des plans souterrains et superficiels; dressé des devis de détail pour mine et usine. Dans la seconde année, consacrée à des études plus générales, ils auraient étudié des projets, avec devis, de travaux ou d'installations pour la mine et l'usine. Les élèves n'auraient fait des voyages d'étude en France et à l'étranger qu'après ce double stage.

Le gouvernement recula devant la dépense de premier établissement que nécessitait l'exécution de ce plan.

(**) Les modifications ont porté, avec le temps, sur la durée et l'itinéraire de ces voyages.

Au début, les voyages suivant la deuxième et la troisième année d'études étaient réglés à 140 jours de durée; leur itinéraire détaillé était fixé par le conseil sur la rédaction d'un de ses membres. Ces premiers itinéraires obligeaient à des stationnements prolongés dans un même établissement où l'on indiquait même à l'élève le programme de ce qu'il aurait à faire. Des nécessités budgétaires firent réduire, par la suite, dès le début du gouvernement de Juillet, la durée de ces voyages à 100 jours; l'itinéraire

dehors; l'usage s'établit promptement, par suite de ces nécessités, d'entendre chacun de ces voyages comme constituant une de ces campagnes prescrites par l'article 10 de l'arrêté du 6 décembre 1816. Il fut même entendu, à partir de 1820, qu'on considérerait comme première campagne, au sens de cet article, la période d'exercices pratiques à Paris, entre la première et la seconde année, comprenant les visites d'établissements et les courses minéralurgiques avec les professeurs (*).

Le Conseil de l'École, plus pénétré de l'importance de l'enseignement pratique, et interprétant plus étroitement l'arrêté de 1816, voulait, il est vrai, que les élèves ingénieurs fissent leurs trois campagnes de voyage, sans compter comme telle la période d'exercices de première année, et restassent par suite quatre ans à l'École; mais l'administration supérieure, désireuse de disposer au plus tôt de ses ingénieurs, ne voulut jamais accepter une pareille combinaison.

Cette scolarité de quatre ans se liait, du reste, pour le Conseil avec l'ensemble d'un système, reposant aussi

---

fut ensuite laissé au choix des élèves sous la sanction d'un examen en conseil. Les usages ont varié suivant le temps pour les pays que les élèves pouvaient choisir, au moins, entre la deuxième et la troisième année; le premier grand voyage a dû, à certaines époques, et notamment aujourd'hui, se faire nécessairement en France.

Ces renseignements sont relatifs aux voyages des élèves ingénieurs. Jusque vers la fin du gouvernement de la Restauration, l'administration s'est refusée à s'occuper des voyages d'élèves externes; jusqu'en 1848 ils ont été facultatifs; ils sont obligatoires depuis cette date, mais seulement entre la deuxième et la troisième années.

(*) Jusqu'en 1848, les élèves de première année n'ont pas voyagé. De cette date jusqu'en 1856, les élèves ingénieurs ont dû faire une courte excursion sur les chemins de fer des environs de Paris. Depuis 1866 on a repris, pour tous les élèves, ingénieurs et externes, le système d'un court voyage, de trois à quatre semaines, qui ne devrait être qu'un stage dans un seul district.

sur les anciennes traditions; mais ce système finit par ne jamais être pratiqué, et on s'en écarta même singulièrement plus tard.

La durée normale des cours était de deux ans; pour qu'un élève ingénieur pût être déclaré hors de concours, il fallait qu'il eût obtenu dans une même année, le médium dans toutes les matières; sinon, il avait à recommencer son année et à repasser ses examens. L'obtention de tous les médiums ne devait pas dispenser de suivre à nouveau tous les cours une seconde fois pour mieux posséder les matières. En outre, la quatrième année, ou tout au moins la troisième, lorsque l'administration eut refusé ce redoublement, devait être consacrée à un noviciat administratif consistant pour l'élève hors de concours à suivre obligatoirement les séances du conseil général des mines (*). En somme, suivant la façon dont ils passaient leurs examens, les élèves ingénieurs avaient une scolarité de deux ans (**) seulement, le plus

(*) Malgré l'obligation, il ne paraît pas que les élèves aient été jamais très assidus.

Le premier conseil, plus pénétré de l'instruction technique que de l'instruction administrative a, de tout temps, écarté toutes les propositions de nature à introduire un enseignement sur cette branche de connaissances si nécessaires à l'ingénieur de l'État. La seule mention qu'on en trouve est la recommandation, plus que l'injonction, écrite dans l'art. 3 de l'arrêté du 6 décembre 1816, qui porte que, dans la période de stationnement à Paris, entre la première et la deuxième année, les élèves « étudieront les lois et les règlements sur les mines ».

Sur une proposition faite au conseil d'introduire un cours de législation et d'administration, il répondit qu'il était inutile, et que des élèves aussi distingués n'avaient qu'à lire une loi et des règlements si simples ! Ce singulier mépris de l'étude de la législation explique peut-être la façon si douteuse dont notre législation des mines a été appliquée sous le gouvernement de la Restauration.

(**) Parmi les élèves entrés à l'École sous le gouvernement de la Restauration, les seuls dont nous voulions parler à ce point de vue, ceux qui n'ont été astreints qu'à deux ans de scolarité

habituellement de trois, mais parfois aussi de quatre ans. Les élèves qui n'étaient pas hors de concours et étaient astreints par suite encore à la scolarité concouraient chaque année, tous ensemble, sans distinction de promotion, et étaient classés d'après les résultats des épreuves sur une seule liste.

L'article 20 de l'ordonnance du 5 décembre 1816 avait parlé de sujets de concours à donner aux élèves, et l'article 1er de l'arrêté du 6 décembre 1816 avait mentionné huit sujets, depuis l'écriture courante jusqu'à de véritables projets d'exploitation ou de machines. En réalité, en dehors d'une analyse chimique de concours, ces exercices se réduisaient à l'exécution de simples dessins. En 1840 seulement, parmi ses nombreuses et utiles innovations, Dufrénoy introduisit les deux projets de concours tels que nous les pratiquons aujourd'hui.

Tous les renseignements qui précèdent concernent spécialement les élèves ingénieurs. Le conseil étendait également sa sollicitude sur les externes, autant que le permettait l'insuffisance des connaissances qu'un trop grand nombre d'entre eux apportait alors à l'École, notamment en physique et surtout en chimie. Aussi, à peu d'exceptions près, les élèves externes n'étaient pas admis

---

furent : Combes (prom. de 1820), Reynaud et Bineau (prom. de 1826), Le Play (prom. de 1827), Malinvaud (prom. de 1828) et de Sénarmont (prom. de 1829).

Parmi eux Le Play s'était distingué à tel point que, à la suite du concours de 1829, le conseil, « frappé de la supériorité de M. Le Play dans toutes les parties de l'enseignement sans exception, de son application non interrompue, de sa conduite exemplaire et du succès extraordinaire qu'il vient d'obtenir dans le dernier concours puisque, bien qu'il n'ait que deux années d'étude, il se trouve le premier en tête de la liste et a obtenu 1.597 points de mérite, nombre de points auquel, depuis la fondation de l'École des mines à Paris, n'a jamais atteint un élève, même de trois années, demande au directeur général un témoignage de satisfaction particulière ».

à travailler au laboratoire à leur première année, pendant la période d'exercices de l'été, et ils n'y étaient même admis qu'à la condition d'avoir subi avec succès un examen sur la chimie. Par ce motif, Berthier — et il s'en plaignait — était obligé de s'étendre dans son cours sur les généralités de la chimie au détriment du développement qu'il aurait préféré donner à la docimasie proprement dite.

Dans ces conditions les externes restaient généralement trois ans à l'École, bien qu'ils eussent pu, eux aussi, terminer en deux ans. D'autres fois, le conseil tolérait des séjours de quatre années. Sans qu'il y eût dans ces débuts de jurisprudence bien constante, le conseil accordait parfois des certificats au bout de trois ans, même quand un élève n'avait pas tous ses médiums, comme aussi il rayait de la liste, en cours d'instruction, ceux qui ne se mettaient pas en mesure de profiter utilement de leur séjour à l'École. Le diplôme, délivré à la sortie, variait dans ses expressions suivant le mérite de l'élève (*).

Se fondant sur les textes qui avaient constitué l'École, le conseil aurait voulu que les élèves externes fussent astreints au même enseignement pratique que les élèves ingénieurs, et comme le conseil avait été contraint d'admettre que les voyages remplaçaient le séjour prévu dans les écoles pratiques, il réclamait l'obligation des voyages pour les élèves externes dans les conditions où on les imposait aux élèves ingénieurs (**). L'administration ré-

(*) C'est ainsi que celui délivré en 1826 à Lesoine, de Liège, après avoir constaté qu'il avait *répondu de la manière* « la plus satisfaisante », ajoutait « qu'il devait être placé dans les premiers rangs des élèves externes qui sont sortis jusqu'ici de l'École royale des mines ».

(**) « Nous ne pouvons vous dissimuler, écrivait le conseil au directeur général, le 13 août 1822, que tant que nous serons privés d'écoles pratiques, l'institution des élèves externes, qui

sista fort longtemps, prétendant qu'elle n'avait pas à s'immiscer dans cette partie de l'enseignement des élèves externes; qu'il ne lui était pas possible, hors de l'École, d'exercer sur eux une surveillance quelconque et qu'ils devaient être considérés comme échappant à son action. Dans les dernières années du gouvernement de la Restauration, le conseil finit par l'emporter et put faire exécuter aux élèves externes leurs deux périodes de voyage constituant, avec la période d'exercice de première année, les trois campagnes prévues au règlement. Grâce à sa persistance, le conseil put ainsi arriver à tirer bon parti de l'institution des élèves externes que le gouvernement de la Restauration ne paraît pas avoir eus en haute estime; c'est un titre de reconnaissance de plus que nous devons aux vénérables fondateurs de notre École.

§ 4.

L'École des mines sous le gouvernement de Juillet

Dès la fin de la Restauration le gouvernement avait compris que l'École des mines demandait à être rajeunie. L'âge et les fatigues ne laissaient pas de faire sentir leur influence sur le personnel dirigeant auquel, depuis tant d'années, se trouvaient confiées les destinées de l'enseignement. D'autres circonstances devaient, d'ailleurs, pousser l'administration à transformer l'École. La science appliquée allait prendre de grands développements, surtout par l'emploi de la vapeur; l'établissement des chemins de fer, outre qu'ils devaient constituer par eux-

---

pourrait être si utile et avoir une si grande influence sur le progrès des arts minéralurgiques, manquera presque entièrement son but. A défaut d'écoles pratiques, les voyages deviennent absolument indispensables ».

mêmes une industrie nouvelle, allait entraîner dans toutes les industries des modifications profondes, forçant chaque district, à peine de disparaître, de renoncer aux traditions ou aux routines, sous le bénéfice desquels il avait pu vivre dans le passé, et le contraignant de se mettre en situation de lutter avec les autres sur un marché qui s'élargissait de plus en plus.

Toute la durée du gouvernement de Juillet fut à tous les points de vue, pour l'École des mines, telle que la laissait le gouvernement de la Restauration, une période de transformations successives dont les résultats ne furent définitivement constitués que sous le régime suivant.

Ces transformations commencèrent par le renouvellement du personnel dirigeant et, d'abord, par le départ des inspecteurs généraux dont la présence continue avait principalement contribué à donner au conseil et à l'École, depuis 1794, cette persistance dans les vues et les idées, qui, singulièrement féconde aux débuts, pouvait à la longue nuire aux progrès de l'institution. En 1832, Lelièvre et Gillet de Laumont se retiraient, après 38 ans d'administration, en même temps que leur collègue Duhamel. A partir de cette époque le conseil, par suite peut-être d'un changement plus fréquent dans ses membres, ne paraît plus avoir eu dans l'administration de l'École un rôle aussi direct et une action aussi immédiate que par le passé. Il était du reste devenu plus nombreux, l'ordonnance du 29 août 1834 ayant fixé à six, au lieu de trois, le nombre des inspecteurs généraux qui devaient en faire partie en dehors des professeurs et de l'inspecteur de l'École (*). Le conseil conserva néanmoins

(*) Si, à partir de 1832, le conseil, par suite du changement plus fréquent de ses membres, devenus plus nombreux, ne paraît plus présenter cette unité de composition et, par suite, ce souci des traditions, qui le caractérisaient auparavant, il y a lieu de re-

jusqu'à la réorganisation de 1856 une part dans l'administration, plus importante, en droit tout au moins, qu'il ne l'a aujourd'hui; il continua en effet jusqu'à cette date à délibérer le budget annuel (*).

Cet effacement relatif du conseil se lia, il est vrai, à l'action plus directe et à l'importance plus grande que les fonctions d'inspecteur allaient prendre entre les mains

---

marquer que la présidence en resta confiée à Cordier jusqu'à ce que la réorganisation par le décret de 1856 la fit passer au directeur de l'École. Depuis 1832 également, Cordier présida le conseil général des mines; il conserva cette présidence jusqu'à sa mort, survenue le 30 mars 1861; né le 31 mars 1777, il était alors âgé de 84 ans.

Cordier, qui avait été pair de France sous le gouvernement de Juillet, était, en outre, administrateur-directeur du Muséum. Il avait succédé en 1819 à Faujas de Saint-Fond dans la chaire de géologie de cet établissement, et à Haüy à l'Académie des sciences en 1822.

Cordier avait été, avec Brochant de Villiers, de cette seule fournée de 40 élèves, plus tard réduite à 20, qui était entrée en 1794 à l'École des mines de la Convention.

(*) Le premier budget régulièrement délibéré en conseil, celui de 1817, se montait à 7.000 francs; en fait on dépensa 8.723f,33; il est vrai qu'il n'y avait que deux élèves. En 1821, le budget ne s'élevait encore qu'à 12.000 francs, et à la fin du gouvernement de la Restauration à 17.250 francs. En 1839, après l'achat de l'hôtel Vendôme, il avait dû être porté à 21.142 francs; le dernier budget du gouvernement de Juillet, relatif à l'année 1848, avait été arrêté à 28.680 francs. Le dernier budget délibéré par le conseil, relatif à l'année 1856, était de 74 332f

dont : pour le matériel. 48.632f
« « personnel. 25.700

Dans ce budget n'était pas compris l'entretien des bâtiments qui restait à la charge des bâtiments civils. Dans tous ces budgets le personnel porté au budget de l'École doit d'ailleurs s'entendre des professeurs étrangers au corps des mines et des employés et gens de service.

Comme dernier terme de comparaison, le budget de 1889 est de. 157.366f

dont : pour le matériel 75.166f
« « personnel 82.200

Pour le rendre comparable au dernier des budgets précités, il en

de Dufrénoy qui, au premier janvier 1837, succéda à Lefroy, après avoir commencé à lui être associé depuis 1834 comme inspecteur-adjoint et avoir fait sentir son influence dès cette époque. Avant d'être nommé officiellement directeur en 1848, Dufrénoy était arrivé à en exercer réellement les attributions. On s'est plu à faire remonter à Dufrénoy l'honneur des transformations qui ont amené le modeste établissement de la Restauration à la situation qu'il occupe aujourd'hui; ces appréciations sont parfaitement exactes, comme on le verra par ce que nous aurons à faire connaître; mais il ne faudrait cependant pas oublier les services, à coup sûr plus modestes, rendus par ceux qui l'avaient précédé, et notamment par Lefroy, au milieu de circonstances assez difficiles. C'est parce que le terrain avait été bien préparé avant lui que Dufrénoy put réussir comme il l'a fait.

Les transformations successives que l'École va subir dans toutes ses branches sous l'influence et par l'action du nouveau personnel dirigeant et que nous avons maintenant à relater se relient intimement, on va le voir, les unes aux autres.

Nous avons déjà dit les modifications que les bâtiments

---

faudrait déduire quelque 10.000 francs d'entretien des bâtiments.

Il faut de ces budgets rapprocher, avec le tableau qui suit, le nombre des élèves des cours spéciaux qui leur correspondent, simple mention étant faite des élèves des cours préparatoires :

ANNÉES	ÉLÈVES ingénieurs	ÉLÈVES externes	TOTAL	FRAIS par élève	OBSERVATIONS
1821	10	10	20	600f	(1) Il y avait en plus 5 étrangers.
1839	17	12	29 (1)	730	(2) En plus : 4 étrangers et 5 élèves aux cours préparatoires.
1848	19	15	34 (2)	843	(3) En plus : 7 étrangers et 5 élèves en préparatoire.
185	13	36	49 (3)	1.517	(4) En plus : 16 étrangers et 49 élèves en préparatoire.
188	10	70	80 (4)	1.967	

de l'Ecole subirent à la suite de l'achat de l'hôtel Vendôme en 1837; la transformation des laboratoires mis en service en 1844 permettait de doubler l'effectif des élèves qui put être de 44 à 50, et par suite permettait d'accroître notablement le nombre des élèves externes qui venaient de plus en plus nombreux frapper à la porte de l'École. Cette augmentation du nombre des élèves devait, de son côté, concourir à amener la transformation du système de la scolarité et indirectement par suite la modification des programmes de l'enseignement.

L'accroissement des bâtiments permit, d'autre part, de donner aux diverses collections le développement méthodique qu'elles n'avaient pu prendre jusqu'alors. La collection de minéralogie qui, par des accroissements successifs (*), s'élevait déjà, en 1845, à quelque 6.000 échantillons exposés dans les tables horizontales des salles du premier étage, s'augmenta de la riche collection du marquis de Drée, comprenant près de 20.000 échantillons (**), acquise en vertu de la loi du 30 juin 1845 au prix de 110.000 francs (***). En dehors de la collection de minéralogie, on disposa dans les armoires vitrées les collections suivantes : collection statistique de la France

---

(*) V. aux annexes les renseignements historiques sur les collections.

(**) La moitié environ de la collection de Drée fut donnée à divers établissements à raison des doubles qui se trouvaient dans les collections de l'École des mines.

(***) Le marquis de Drée était le beau-frère de Dolomieu ; il avait recueilli les collections du célèbre géologue et notamment une collection de roches et pierres de 1.800 échantillons, et l'autre de produits volcaniques de 1.600 échantillons réunis par Dolomieu lui-même. Le marquis de Drée s'était occupé avec passion, pendant quarante ans, à rassembler des échantillons minéralogiques de choix et surtout très caractérisés au point de vue cristallographique. Dès 1810, il avait offert de vendre à l'administration sa collection qui comptait déjà, à cette époque, 13.750 échantillons dont 6.300 de minéralogie pure, non compris les pierres précieuses taillées et gravées; le conseil général des mines avait, à cette époque,

(16.250 échantillons en 1845) (*), collections géologiques de la France (16.400 échantillons en armoires et 11.400 en tiroirs) et étrangères (27.000 échantillons); collection géologique pour l'étude (4.020 échantillons).

La collection de paléontologie fut celle dont le classement a été le plus tardif, non pas tant que les éléments manquassent dès cette époque, mais le classement était à peine ébauché (**) et il ne devait commencer à devenir

---

vivement recommandé cet achat. Lorsque l'administration se décida à cette acquisition, à la mort du marquis, la collection fut expertisée par Cordier, de Bonnard et Dufrénoy, assistés de l'expert Roussel, qui convinrent des prix suivants :

14.576 minéraux à	78.055f »
4.379 roches	2.239
25 meubles et modèles.	2.010
	82.304f »
Estimation de 25 p. 100 en plus pour les minéraux en collection.	19.513f,75
	101.817f,75

En 1807 le marquis de Drée avait déjà cédé à l'École une série d'environ 500 échantillons provenant de la collection des produits volcaniques réunis par Dolomieu.

Il a été publié en 1811 et 1814 deux catalogues de cette collection célèbre. Le premier donnait une description détaillée, avec planches, des pierres fines taillées et gravées et des meubles d'art qui en faisaient partie. L'achat fait par l'Etat en 1845 ne comprenait pas ces trois parties de la collection qui firent l'objet de ventes distinctes.

(*) Ces collections statistiques ont joué de tout temps un rôle extrêmement important dans le musée de l'École. Dès l'origine, en 1794, nous avons signalé les préoccupations et les soins de l'agence pour en réunir les éléments. De Chancourtois, secondé par Guyerdet, aide aux collections, s'attacha particulièrement à les ranger et amena finalement la *collection de statistique départementale*, suivant le nom qui lui a été donnée, dans l'état de classement méthodique et systématique par département qui en fait aujourd'hui le mérite et la valeur. Le travail de de Chancourtois était sensiblement terminé en 1864.

(**) D'après un rapport de Dufrénoy de 1845, l'École possédait à cette date : une *collection de fossiles* de 29.131 coquilles fossiles,

sérieux que lorsque, en 1844, M. Bayle fut attaché à ce service en remplacement de Lecocq. Quelque temps après, en 1846, Dufrénoy était assez heureux pour obtenir, en faveur de la collection naissante, la cession gratuite de la collection des fossiles houillers de Koninck, si précieuse pour ses types sinon pour sa quantité (*), et, en 1848, de la collection Puzos, riche surtout en céphalopodes et renfermant un grand nombre de types étudiés et figurés par d'Orbigny. L'École des mines fut, en outre, admise à participer, avec le Muséum, au partage de la collection de plantes fossiles de Græser, achetée au prix de 12.000 francs, en vertu de la loi du 8 août 1847 (**).

A partir de 1840, Le Play, nommé professeur de métallurgie, s'occupa de la constitution d'une collection métallurgique, qui avait été à peine ébauchée par ses prédé-

---

111 poissons, 120 végétaux, et une *collection de coquilles vivantes* de 10.040 coquilles; mais le tout en tiroirs, sinon même entassé sans aucun ordre.

V. Sur les origines de la collection de paléontologie, *Annexes*, p. 239.

(*) De Koninck, étant venu visiter la collection de l'École, avait promis à Dufrénoy de lui envoyer ses doubles; revenu en Belgique, de Koninck écrivit que, réflexion faite, il ne trouvait pas ses doubles dignes de l'École des mines et qu'il envoyait sa collection même de types; grand embarras de Dufrénoy, confus de recevoir en cadeau une collection dont de Verneuil avait offert 10.000 francs; aussi, sur sa proposition, le Conseil de l'École demanda-t-il que de Koninck reçut la décoration de la Légion d'honneur en reconnaissance de son cadeau; ce qui fut fait par ordonnance du roi du 27 décembre 1846.

La collection donnée par de Koninck comprenait 1.400 échantillons formant 434 espèces dont 260 nouvelles.

(**) Græser était directeur des mines d'Eschweiler près Aix-la-Chapelle; sa collection comprenait spécialement des suites de végétaux fossiles du bassin houiller de la Wurm.

C'est surtout dans ces dernières années, grâce à M. Zeiller, que les collections de végétaux fossiles de l'École ont pris l'importance due à cette branche de la science, et que, après avoir été enrichies surtout par les dons des exploitants, elles sont arrivées à être méthodiquement classées.

cesseurs Hassenfratz et Guenyveau. Il poursuivit jusqu'en 1853 la réalisation de ce plan avec ces idées de méthode et de généralisation qui furent une des caractéristiques de son esprit (*).

L'ensemble des collections ci-dessus énumérées con-

(*) Pour ne pas avoir à revenir sur ce sujet, nous signalerons immédiatement ici le résultat auquel Le Play était arrivé en 1853, à la veille par lui de quitter l'École, avec l'aide de de Chancourtois qu'il se plaisait à reconnaître. Aux 1.238 échantillons provenant d'Hassenfratz et aux 3.315 recueillis par Guenyveau, Le Play avait ajouté 21.693 échantillons dont les 9/10 recueillis directement par lui-même dans ses voyages. Cet ensemble constituait un *musée de l'industrie minérale*, sans parler de la collection spécialement destinée aux leçons (3.200 échantillons) et de celle remise aux élèves pour étude (1.954 échantillons). Il formait des suites naturelles partant des matières premières, combustibles et minerais, ou mieux pour ceux-ci des gîtes métallifères, pour arriver aux produits finis, en suivant la transformation des matières successives élaborées et des produits intermédiaires, et en rapprochant les matières des appareils, représentés en relief, dans lesquels elles étaient traitées. Le classement était fait systématiquement à un double point de vue : d'une part, au point de vue métallurgique ou minéralurgique par nature de produit final (fer, plomb, etc ..); et d'autre part, au point de vue statistique, par district métallurgique ou minéralurgique.

Le Play estimait, en 1853, qu'il manquait 5.000 échantillons pour compléter la série des usines européennes et 8.000 pour la série des principales usines des autres continents.

L'intérêt technologique de cette collection reposait sur la conservation des traditions dans les divers districts. Mais, avec les transformations si profondes et si rapides de l'industrie moderne, cet intérêt s'atténue singulièrement pour une collection tant soit peu ancienne, et il n'est guère possible de se flatter de maintenir désormais au courant de pareilles collections. Les expositions universelles les remplacent au moment où elles ont lieu.

De ces collections de Le Play, une seule chose pouvait et devait subsister et même s'accroître avantageusement avec le temps : la collection systématique des gîtes métallifères, ou plus généralement des gîtes de substances minérales, collection qui est une dépendance rationnelle de la géologie technique ou appliquée.

Au point de vue intrinsèque, les collections de Le Play avaient l'inconvénient d'être formées d'échantillons de trop petites dimensions.

stitue un véritable musée systématique des sciences se rattachant à l'exploitation et au traitement des substances minérales ; ce musée n'est pas seulement destiné à faciliter l'instruction des élèves ; ouvert au public comme tous les autres musées, il peut lui offrir de précieuses ressources au point de vue scientifique ou technologique. L'établissement et le maintien d'un pareil musée à côté de l'École rentrent dans les traditions originaires de cette institution.

A raison même de l'importance et du développement de ce musée, des conditions spéciales de conservation et de surveillance qu'il exige, ces collections ne peuvent suffire aux besoins quotidiens de l'enseignement des élèves. Aussi Dufrénoy s'empressa-t-il de constituer des collections pour les élèves, plus réduites, plus systématiques, de moindre prix, mises librement à leur disposition à côté de leurs salles de dessin, leur permettant, par un maniement quotidien, d'acquérir la connaissance professionnelle intime des minéraux et des roches (*).

Les transformations de l'enseignement et des règles de la scolarité devaient être bien autrement importantes que les modifications subies par les bâtiments et les collections.

En 1832, Baillet du Belloy, après 35 ans d'un professorat remontant aux origines mêmes de l'École, quittait la chaire d'exploitation des mines et la remettait à Combes (**). Nul choix ne pouvait être plus heureux pour

(*) Suivant un système remontant aux origines de ces collections d'élèves, on évite tous les abus en faisant déposer à ceux-ci, au commencement de leur scolarité, une masse sur laquelle on retient les frais nécessaires à l'entretien et au remplacement des échantillons égarés ou détériorés.

(**) Combes, né à Cahors le 26 décembre 1801, est mort à Paris le 10 janvier 1872, quelques jours après qu'atteint par la limite d'âge il venait de quitter la direction de l'Ecole des mines où il avait succédé à Dufrénoy en 1857. Entré à l'Ecole des mines en 1820, il fut de ceux qui terminèrent leurs études en deux ans. Nommé à sa sortie de l'Ecole professeur à l'Ecole de Saint-

combler, dans l'enseignement de l'École, une lacune dont les inconvénients se seraient fait sentir de plus en plus vivement. Combes commença à donner dans son enseignement à l'étude des machines, des machines à vapeur en particulier, et à la résistance des matériaux, l'importance que ces matières réclamaient. Son cours devint un cours d'*Exploitation et de mécanique;* si la première théorie des machines à vapeur du classique *Traité d'exploitation* nous paraît aujourd'hui quelque peu arriérée, elle constitua pour l'époque une nouveauté et un grand progrès (*).

Etienne, les usages de l'administration à cette époque lui permirent de s'occuper en même temps de la direction d'exploitations telles que celles de Sainte-Marie-aux-Mines, et surtout de Roche-la-Molière et Firminy, et de se former ainsi à la connaissance des choses que l'on enseigne avec d'autant plus d'autorité que l'on arrive par leur pratique à les mieux connaître sous toutes leurs faces. Combes resta titulaire de la chaire d'exploitation des mines à Paris pendant vingt-quatre ans, jusqu'en 1856; mais il cessa son enseignement effectif dans l'année scolaire 1848-1849, date à partir de laquelle il se fit suppléer par Callon qui, en 1856, lui succéda comme titulaire.

Son *Traité d'exploitation des mines* (3 vol. in-8°, Paris, 1844-1845) reproduit ses leçons à l'Ecole des mines de Paris, à l'exception de ce qui concernait les moteurs hydrauliques; ce traité a été le premier ouvrage de cette nature publié en France; il est resté classique dans le monde entier jusqu'à l'apparition du cours publié par Callon.

Combes avait été nommé de l'Académie des sciences en 1847 dans la section de mécanique, à la place de Gambey.

Il a présidé le conseil général des mines, après la mise à la retraite d'Elie de Beaumont, en 1868.

(*) Dans les matières se rattachant plus directement à l'exploitation des mines, on doit à Combes de nombreux progrès dans les petites comme dans les grandes choses : il préconisa les mèches de sûreté ou bickford, les câbles métalliques pour l'extraction; on lui doit aussi un théodolite pour les levés souterrains et un anémomètre; il a signalé les défauts de la lampe Davy et cherché à y remédier; ses études sur l'aérage des mines et les ventilateurs eurent un retentissement mérité; elles ont posé les fondements d'une théorie alors presque inconnue et d'une importance capitale pour les mines.

Peu après, en 1835, lorsque Brochant de Villiers résigna ses fonctions de professeur titulaire, on sépara (*) sa chaire unique en deux chaires distinctes, l'une de minéralogie, l'autre de géologie, confiées la première à Dufrénoy et la seconde à Élie de Beaumont. Sans doute, en fait, depuis 1827, cette séparation existait; mais autre chose est dans l'enseignement une suppléance partielle confiée à deux personnes différentes, ou deux chaires distinctes. Chacun de ces deux cours ne durait à l'origine qu'un an (**).

Avec Dufrénoy, la cristallographie reprit dans l'enseignement de l'École la place qui lui revient de par la tradition d'Haüy; Brochant de Villiers, qui se rattachait quelque peu à l'École de Werner, s'y arrêtait moins.

Il serait inutile d'insister sur l'importance de l'enseignement géologique, si nouveau et d'une telle hauteur de vues, que donna Élie de Beaumont, proclamé à juste titre le maître de la géologie française.

Quelques années après le dédoublement de la chaire de Brochant, pendant la seconde série de transformations poursuivies par Dufrénoy, le cours de géologie reçut un complément important et qui devait le devenir encore plus par la suite. A partir de 1845, après entente entre Dufrénoy et Élie de Beaumont, M. Bayle fit, comme annexe au cours de géologie, des conférences publiques de paléontologie qui furent tout de suite très goûtées. Dufrénoy, qui ne craignait pas d'assumer la responsabilité des initiatives utiles, avait pris sur lui d'organiser ces

---

(*) Arrêté ministériel du 6 novembre 1835.

(**) A partir de 1856, de Chancourtois, qui suppléait Elie de Beaumont, répartit les matières du cours de géologie en deux ans, mais en en répétant une partie chaque année; au reste, jusqu'en 1875, date à laquelle de Chancourtois devint professeur titulaire, les élèves n'étaient tenus de suivre le cours de géologie qu'une année, la deuxième de l'enseignement.

conférences, dont le conseil lui-même, — ce dont il ne laissa pas de se plaindre quelque peu, — n'eut connaissance que lorsqu'elles se faisaient déjà depuis trois ans (*).

Berthier occupait avec trop d'autorité la chaire de docimasie pour qu'on eût à se préoccuper de cette partie de l'enseignement. Néanmoins, à partir de 1840, il se fit suppléer par Ebelmen (**), qui lui succédait en 1845 et allait être enlevé, si malheureusement pour la science, six ans après, à peine âgé de 38 ans.

Dans cette même année 1840, Le Play (***) succédait à

(*) La situation ne fut régularisée, comme on le dira plus tard, qu'en 1848 ; l'arrêté ministériel du 31 mars 1848 reconnut officiellement l'enseignement de la paléontologie mais en tant seulement que *leçons annexes du cours de géologie*. Le décret de 1836 avait bien fait de la paléontologie un *cours;* ce ne fut, en réalité, qu'en 1864 que M. Bayle, qui, en fait, professait depuis 1845, fut nommé professeur titulaire.

(**) Ebelmen, né le 10 juillet 1814, est mort le 31 mars 1852, prématurément enlevé aux grandes espérances que les travaux déjà faits par lui permettaient de concevoir. Sauvage les a fait connaître dans la notice nécrologique qu'il lui a consacrée (*Annales des mines*, 1853, partie administrative). Ebelmen, au moment de sa mort, était en outre administrateur de Sèvres, place où il avait été nommé en remplacement de Brongniart.

(***) Le Play, né à la Rivière (Calvados) le 11 avril 1806, est mort à Paris le 5 avril 1882. Nous avons déjà rappelé (p. 143) la façon extraordinairement brillante dont Le Play sortit de l'Ecole des mines, en 1829, à la suite de deux années d'études. Après avoir été attaché quelque temps au laboratoire de l'Ecole, il avait été chargé d'organiser et de faire fonctionner le service officiel de la statistique de l'industrie minérale, qui fut en réalité créée par lui ; il était en même temps chargé de surveiller la publication des *Annales des mines* auxquelles, à partir de 1832, il donna une vitalité toute autre que celle qu'avait, depuis 1816, ce recueil, qui avait remplacé à cette date l'antique *Journal des mines.*

Lorsqu'en 1848 Dufrénoy échangea sa direction effective de l'Ecole contre une direction officielle, Le Play fut nommé aux nouvelles fonctions d'inspecteur.

En 1856, après le succès de l'Exposition universelle de 1855, dont il avait été nommé commissaire général en remplacement du général Morin, Le Play quitta le professorat et l'inspection de

Guenyveau et commençait, avec l'autorité spéciale due à sa pratique personnelle et à ses voyages, cet enseignement de seize ans, où il devait apporter les idées de systématisation méthodique, d'étendue d'observation et de précision de détails, qui furent les caractéristiques de ce beau talent et qui donnèrent une si juste célébrité à ses leçons. Le Play reprit dans son cours une partie des matières qui lui avaient fait donner, dès l'origine, le nom de *minéralurgie*, et que Guenyveau avait abandonnées à partir de 1836. Sous le titre d'arts minéralurgiques divers, Le Play traitait, en effet, avant la refonte des programmes en 1849, des verreries et cristalleries, briques et poteries diverses, chaux et mortiers, soufre, arsenic, acide sulfurique hydraté et fumant, soude artificielle.

L'accroissement du nombre d'élèves et l'élévation du niveau général des études n'allaient pas tarder à amener dans l'enseignement et la scolarité, tant pour les élèves ingénieurs que pour les élèves externes, deux modifications importantes et qui toutes deux devaient se montrer singulièrement fécondes.

En effet, le roulement des cours restait toujours de deux ans. Sans doute, dès 1835, plusieurs professeurs, Combes notamment, avaient proposé de répartir en trois années les matières de leur enseignement, en leur donnant plus de développement. Mais ces propositions n'eurent

---

l'Ecole, qu'il abandonna, celui-là au profit de Piot et celle-ci à de Sénarmont, pour aller au Conseil d'Etat. Le Play fut désormais perdu et pour l'Ecole et pour le corps des mines. Aussi, ne le suivrons-nous pas dans sa tâche de conseiller d'Etat, d'organisateur des diverses expositions universelles, de sénateur, non plus que dans son rôle d'économiste et de régénérateur social.

M. l'inspecteur général des mines Lefébure de Fourcy lui a consacré dans les *Annales des mines* de 1882 une des notices les plus complètes qui aient été écrites sur cet homme éminent en ce qui concerne sa vie d'ingénieur, de professeur et d'administrateur.

pas de suite. Certains élèves continuaient à obtenir tous leurs médiums au bout de deux ans (*), et, par conséquent, se trouvaient avoir rempli dans ce laps de temps toutes leurs obligations de scolarité. Mais le conseil, qui persistait à attacher une grande importance à l'enseignement pratique puisé dans les voyages, répugnait à mettre ces élèves à la disposition de l'administration, tant qu'ils n'avaient pas fait leurs deux excursions. Afin d'y remédier, on avait bien imaginé pour eux les voyages doubles, qui consistèrent d'abord en un voyage de six mois, au lieu de trois mois, après la deuxième année, ou en deux voyages de trois mois séparés par quelques mois de séjour à Paris. La troisième année était toujours considérée comme devant être une année de noviciat administratif, et à ce titre les élèves auraient dû aller s'initier aux choses administratives en suivant les séances du conseil général des mines; mais ce ne fut jamais une obligation, et il ne paraît pas que la pratique en ait été jamais prise (**).

Pour employer utilement cette troisième année et retenir sûrement tous les élèves, même quand ils auraient obtenu tous leurs médiums, Dufrénoy et le conseil créèrent, en 1841 (***), les deux concours de troisième année, l'un de métallurgie et l'autre d'exploitation de mines ou de machines, tels que depuis ils ont subsisté. Ce fut une des innovations les plus heureuses dans l'enseignement;

(*) Tel fut le cas de Callon et de Le Chatelier en 1838.

(**) Pour remédier aux lacunes de l'enseignement au point de vue administratif, lacunes dont on s'apercevait davantage tous les jours, une décision ministérielle du 27 mars 1838 avait prescrit que les élèves de l'École des mines suivraient le cours de droit administratif que Cotelle venait d'inaugurer à l'École des ponts et chaussées; ce cours devait à cet effet être augmenté de 8 leçons sur la législation des mines et le dessèchement des marais. La mesure ne paraît pas avoir été suivie ni avoir donné jamais de résultats pratiques.

(***) L'établissement des deux concours de troisième année eut lieu en vertu d'une décision ministérielle du 22 décembre 1841.

car c'est là un des travaux les plus féconds que l'on puisse demander à des élèves d'écoles d'application qui ont terminé leurs cours et ont voyagé. Peu d'écoles ont pu réussir dans cette partie difficile de l'enseignement professionnel, comme on y est arrivé à l'École des mines de Paris. La mesure ne s'établit pas sans peine du reste, et les premiers concours furent très faibles. Auparavant, les élèves ne faisaient guère que des dessins, parfois accompagnés de devis, pour être annexés à leurs mémoires de voyage. Mais il y avait loin de là aux projets complets, avec devis, à dresser sur un programme détaillé indiqué par les professeurs. Quelques années après, lorsque la pratique de ces projets commença à être bien prise, on donna, comme aujourd'hui, des projets plus circonscrits aux élèves de deuxième année, projets qui étaient une préparation aux grands projets de la troisième année. Ces projets eurent le grand avantage de fixer dorénavant la scolarité à trois ans pour tous les élèves, quels que fussent leurs succès aux examens de deuxième année (*); cet allongement normal du séjour à l'École allait permettre d'utiles développements dans les programmes.

A mesure que le niveau des études s'élevait, la différence de recrutement et partant de préparation des élèves ingénieurs et des élèves externes se faisait sentir davantage. Ceux-ci, qui se présentaient en nombre toujours plus grand, devenaient de moins en moins aptes à suivre utilement les cours, à cause de leur insuffisance en chimie, physique et mathématiques. Dès 1840, le conseil et Dufrénoy avaient attiré sur ce point l'attention de l'administration supérieure, en proposant de créer à l'École

(*) Les élèves ingénieurs qui n'avaient pas leurs médiums au bout de la deuxième année, devaient la redoubler et, n'étaient admis à faire les projets de concours qu'à leur quatrième année.

des cours préparatoires qui auraient été faits par les jeunes ingénieurs des mines en résidence à Paris. Cette idée était assez naturellement indiquée par la pratique suivie par plusieurs élèves qui entraient d'abord à l'École en tant qu'autorisés, puis, après une ou deux années de préparation en cette qualité, devenaient à la suite des examens d'admission élèves externes admis régulièrement à tous les exercices et susceptibles d'être diplômés. L'administration supérieure refusa tout d'abord d'entrer dans cette voie et suggéra l'idée d'élever suffisamment le programme des connaissances exigées pour l'admission aux places d'élèves externes. Le conseil fit observer que cette mesure n'aurait pour effet que de créer une prime en faveur des élèves démissionnaires de l'École polytechnique; qu'on écarterait de l'École des mines les fils d'industriels qui y viennent chercher l'enseignement spécial dont ils ont besoin pour pouvoir un jour diriger les établissements de leur famille. L'administration finit par se rendre à ces excellentes raisons, lorsqu'après l'achèvement des nouveaux laboratoires le nombre des élèves externes put être et fut notablement augmenté; par décision du 10 novembre 1844, fut enfin créée l'institution des cours préparatoires, qui commença assez modestement d'abord, pour prendre bientôt l'organisation définitive qu'elle a conservée depuis.

Delaunay (*) fut d'abord seul chargé de faire des leçons d'analyse et mécanique rationnelle (30 leçons), de géométrie descriptive (10 leçons) et de physique (10 le-

(*) Delaunay, né le 9 avril 1816, à Lusigny (Aube), a péri misérablement, en rade de Cherbourg, le 4 août 1872.

En 1850 il quitta définitivement le service de l'administration des mines pour ne plus s'occuper que du haut enseignement dans lequel il devait se créer une si haute et si légitime renommée. Après avoir suppléé Biot à la Sorbone, de 1841 à 1848, il y fut nommé professeur titulaire du cours de mécanique physique. A l'École polytechnique, où il avait été répétiteur-adjoint dès

çons) (*). Rivot (**), qui était encore élève de troisième année, fut chargé des leçons de chimie générale sous la

---

1838, étant encore élève à l'École des mines, il devint, à partir de 1851, professeur de mécanique.

Il était entré à l'Institut en 1855, au bureau des longitudes en 1862, et il fut directeur de l'Observatoire en 1870.

(*) Un peu plus tard, à raison de la peine qu'avaient les élèves à suivre les leçons d'analyse, Delaunay, avec l'assentiment du conseil, fit des leçons de mécanique appliquée qui rappelaient son classique *Traité de mécanique élémentaire.*

(**) Rivot, né le 12 octobre 1820, mort ingénieur en chef le 24 février 1869, est un des professeurs qui n'ont jamais quitté l'École. Nous le voyons, en 1844, professer aux cours préparatoires, étant encore élève. En 1845, il prend la direction effective du bureau d'essais dès sa création et, en 1853, il succède à Ebelmen dans la chaire de docimasie. L'œuvre publiée par Rivot a été considérable; en dehors de nombreux mémoires, dont plusieurs fort étendus et fort importants, insérés principalement dans les *Annales des mines*, il a laissé son *Traité de docimasie* en 4 volumes, et 2 volumes sur le *Traitement des substances minérales.* Doué d'une mémoire étonnante, d'une puissance et d'une continuité de travail prodigieuses, Rivot aurait pu professer tous les cours de l'Ecole avec la facilité légendaire qu'il mettait à enseigner la docimasie sans un chiffre mis sur une note pour les besoins de la leçon. Il prouva bien ces aptitudes universelles en suppléant volontairement Piot dans sa chaire de métallurgie. Ses mémoires sur les filons de Vialas, si remarqués en leur temps, montrent ce qu'il pouvait et savait faire comme géologue. Comme chimiste il a poursuivi la précision dans l'analyse par des méthodes nouvelles, patiemment recherchées et comparées entre elles, avec un désir d'exactitude qui n'avait d'égal que son scepticisme sur les résultats obtenus par lui-même.

Peu d'ingénieurs et de professeurs ont joui de leur vivant d'une pareille auréole de popularité, surtout auprès des élèves et des jeunes ingénieurs. Tout ce qu'il produisait devenait aisément légendaire. Qui ne se rappelle, après les mémoires sur Vialas, parus en 1862, la légende de l'heure V que tout le monde recherchait du Rhône à la Garonne? Peut-être aujourd'hui une réaction s'est faite en sens inverse. De même que l'heure V a montré ses défaillances, et à Rivot lui-même, de même on s'est demandé si son enseignement chimique ne contenait pas plus de faits que de méthode, si ses procédés d'analyse, pour atteindre une exactitude intangible, n'entraînaient pas dans des lenteurs inutiles et des manipulations incommodes.

direction d'Ebelmen, alors encore professeur-adjoint de docimasie.

Un peu après, Delaunay (décision ministérielle du 28 décembre 1844) ajoutait à ses fonctions celles de professeur de dessin et de lever de plans, à la place de Girard, décédé. Delaunay devait rester jusqu'à l'année scolaire 1848-1849 seul chargé de cette double tâche (*); il a ainsi rendu à l'École, où il est resté jusqu'en 1850, surtout pour l'organisation et le fonctionnement des cours préparatoires, dans une sphère relativement modeste pour un savant de son envergure, des services inappréciables, qui méritent que l'École conserve de lui un souvenir reconnaissant (**).

Dans cette institution des cours préparatoires, Dufrénoy reprenait en somme les plus anciennes traditions de l'École de la Convention et même de Sage. Ces cours n'avaient cessé que lorsque l'École des mines s'était recrutée exclusivement d'élèves provenant de l'École polytechnique.

Jusqu'à l'achèvement, en 1849-1850, de la réorganisation, dont nous suivons les essais et les tâtonnements dans sa période de préparation, la distinction actuelle entre les élèves des cours préparatoires et les élèves des cours spéciaux n'existait pas. La scolarité normale des externes était de trois années : la première année était occupée par les cours préparatoires et on y suivit

---

(*) En 1848-1849, Delaunay ne conserva plus que l'enseignement de la mécanique et de la physique; de Chancourtois se chargea de l'enseignement de la géométrie descriptive et du calcul infinitésimal, ainsi que de l'enseignement du dessin et du levé de plans pour les élèves des cours spéciaux.

(**) M. Daubrée, dans le discours nécrologique qu'il devait prononcer au nom de l'École des mines, dont il était alors directeur, et qui n'a pu qu'être publié, a bien fait ressortir, avec l'autorité spéciale qui lui appartenait, les services rendus par Delaunay à l'École.

même au début le cours de minéralogie (*); dans les deux autres années, on suivait les cours normaux, en faisant en outre, en troisième année, les projets de concours. Les externes venus de l'École polytechnique pouvaient être dispensés de suivre les cours préparatoires et pouvaient terminer leur scolarité en deux ans; ils n'en étaient pas moins tenus pour entrer à l'École de passer l'examen normal et unique d'admission, qui portait naturellement, comme aujourd'hui, sur le programme de la classe de mathématiques spéciales, voire même très atténué.

Entre temps, l'accroissement du nombre des élèves avait amené dans l'organisation intérieure une modification secondaire. Jusqu'en 1840 on était resté fidèle, pour les examens, au système fixé par l'arrêté ministériel de 1816 qui, à l'article 4, prescrivait que les questions « seraient les mêmes pour tous. » Dufrénoy n'eut pas de peine à faire remarquer l'impossibilité pratique d'une pareille disposition, alors que tous les élèves devaient concourir ensemble, sans distinction d'année; on avait beau les enfermer, la question finissait toujours par être connue de ceux qui attendaient leur tour dans le petit local. Aussi une décision du 3 avril 1841 vint-elle remplacer l'ancien système par le mode des examens ordinaires avec questions au choix des examinateurs.

Nonobstant l'abandon d'une procédure qui se liait logiquement avec la notion d'un concours annuel, on persista, jusqu'en 1849, à conserver ce système de concours pour tous les élèves, sans distinction de classe, suivant la tradition qui remontait à l'origine même de

(*) Les élèves de première année devaient avoir leurs médiums dans les matières de l'enseignement préparatoire à la fin de l'année à peine d'exclusion; on pouvait ensuite faire deux ou trois ans, en redoublant au plus une année, jusqu'à ce qu'on eût ses médiums dans toutes les matières de l'enseignement spécial.

l'École. Les élèves ingénieurs d'un côté, et les externes de l'autre, étaient donc annuellement classés sur une seule liste d'après les seuls résultats de l'examen de la dernière année, sauf report éventuel d'une année à l'autre, pour chaque matière, de l'excédant de note au-dessus du fameux médium; le tout d'après des calculs d'une complication sans rapport avec le but à atteindre (*).

Une autre amélioration de détail remonte à cette époque : les leçons de langues étrangères se donnèrent désormais à la fin de la journée pendant toute la période des cours oraux au lieu de n'avoir lieu, comme jadis, que pendant celle des exercices d'été (**).

La distribution intérieure du travail resta ce qu'elle avait été, en principe du moins, de tout temps; les élèves, qui pouvaient entrer à huit heures du matin mais n'arrivaient, en fait, qu'à neuf heures et demie, étaient libres à quatre heures du soir (***); leur présence était constatée par la signature aux heures des cours obligatoires pour eux, et à l'heure de la sortie. Des appels pouvaient être faits entre temps; mais ils ne semblent pas avoir été beaucoup pratiqués. Dufrénoy et le conseil s'efforcèrent simplement d'assurer l'assiduité en donnant une valeur plus effective à la note attribuée à la présence.

L'achèvement et le développement des nouveaux laboratoires amenèrent l'établissement à l'École d'une nouvelle institution qui devait compléter l'ensemble des

---

(*) On peut s'en faire une idée, et fort atténuée encore, — car le système avait été déjà très simplifié, — en se reportant à l'arrêté ministériel de 1849.

(**) Suivant les époques, on a rendu obligatoire l'étude des deux langues allemande et anglaise, ou de l'une d'elles seulement; l'étude de l'autre restait facultative, mais servait à augmenter le nombre de points aux examens, suivant des formules qui ont varié avec le temps.

(***) A la réforme de 1887, le conseil a proposé et l'administration a décidé de reporter à cinq heures l'heure de la sortie.

installations que ses fondateurs avaient songé à grouper autour d'elle dès sa création; ce fut le *bureau d'essais* (*), établi par décision ministérielle du 24 novembre 1845, dans le but de faire gratuitement pour le public des analyses de matières minérales. Dès l'origine, en 1794, à l'hôtel Mouchy, le laboratoire de l'École était devenu le laboratoire de l'administration des mines; il resta exclusivement destiné à cet objet pendant que l'École était à Pesey. A l'hôtel Vendôme l'administration avait eu également recours, de tout temps, quand elle en avait eu besoin, au laboratoire du professeur de docimasie. Mais il y avait loin de là au *bureau d'essais* auquel le public était appelé désormais à s'adresser librement et directement.

En même temps, Berthier abandonnait définitivement sa chaire de docimasie à Ebelmen, qui devenait professeur titulaire, bien que nommé simultanément administrateur-adjoint à Sèvres. Rivot, qui n'était encore qu'élève de 1re classe, fut chargé, provisoirement tout d'abord, avec le cours de chimie générale pour les élèves des cours préparatoires, de la direction des travaux du laboratoire ainsi que des essais et analyses demandés au bureau d'essais. Le professeur de docimasie, ou, en son absence, l'inspecteur de l'École, devait rendre compte mensuellement au conseil du fonctionnement du bureau.

L'accroissement normal d'une année dans la scolarité avait porté le conseil à se préoccuper des augmentations de programme qui en pourraient utilement résulter. Il était deux matières sur lesquelles les lacunes de l'enseignement le préoccupaient : les chemins de fer et les connaissances administratives.

Dès le début des chemins de fer on avait attiré sur eux l'attention des élèves. En 1834, ils avaient été in-

---

(*) V. sur le bureau d'essais aux *Annexes*, p. 244.

vités, dans leurs voyages, à en étudier les machines, le matériel et les installations; parfois même des mémoires leur avaient été demandés sur ces sujets. Mais à mesure que les chemins de fer prenaient plus de développement, que leur industrie constituait au point de vue technique un corps de doctrine, le besoin d'un enseignement spécial se faisait d'autant plus sentir que les ingénieurs des mines étaient appelés à être attachés au contrôle des voies ferrées. Au début de 1846, le conseil de l'École avait adopté, de concert avec Bineau, un programme de leçons sur « la partie métallurgique et l'exploitation des chemins de fer », leçons qui devaient être placées en troisième année et que le conseil comptait voir faire par cet ingénieur, chargé spécialement, auprès de l'administration supérieure, d'un service dont l'intitulé projeté des leçons rappelait le titre et la nature. A défaut de Bineau absorbé par ses occupations administratives, Couche (*) inaugura ces conférences en 1846-1847 à la suite d'une décision du 17 octobre 1846; telle fut l'origine du cours que cet éminent ingénieur devait professer d'une façon si magistrale pendant trente ans. Le conseil avait tout d'abord insisté pour que ces conférences n'eussent pas une forme théorique, mais consistassent exclusive-

(*) Couche, né le 24 juillet 1815, mort inspecteur général le 24 juillet 1879, a laissé dans l'industrie des chemins de fer un souvenir qui reste encore vivant, grâce à son célèbre traité, publié de 1867 à 1874 sous le titre de : *Voie, matériel roulant et exploitation technique des chemins de fer;* « ces trois volumes compactes résument trente années de son existence », a dit avec juste raison M. Vicaire, l'un de ses successeurs à l'Ecole, dans la notice qu'il lui a consacrée (*Annales des mines*, 7e série, t. XVII). En s'attachant aux questions de principe plus qu'aux descriptions de détail, Couche a assuré à son œuvre une durée plus grande. Son traité permet d'apprécier la nature et la portée de son enseignement dont la valeur au fond était relevée par une grande habileté de diction et par un esprit original et incisif qui a valu à Couche, au cours de sa carrière, plus d'ennemis que d'amis.

ment en un exposé de faits pratiques et de détails de construction. Mais sous l'incitation de Dufrénoy qui paraît, dans la circonstance, être intervenu en dehors des vues du conseil, l'administration créait quelque temps après, sous un autre régime gouvernemental il est vrai, par décision du 24 mars 1848, un cours de construction qui devait être réuni à celui des chemins de fer; l'ensemble, en quarante leçons, était établi suivant un programme qui devait rester sensiblement le même jusqu'à la disjonction de ce cours, en 1879, dans les deux cours actuels de construction et de chemins de fer (*).

Vers la même date étaient instituées, par décision du 31 mars 1848, vingt leçons de paléontologie, comme annexe de la géologie, sans examen spécial; l'examen et la note devaient rester confondus avec ceux de la géologie. Le développement donné à la paléontologie n'avait pas été sans soulever des protestations au sein du conseil, et, plus tard, dans la commission spéciale de 1848, on craignit qu'on ne détournât l'École de sa destination en faisant des naturalistes plutôt que des ingénieurs. Quelques années après, en 1851, lorsque le cours avait été à nouveau régulièrement reconnu par l'arrêté de 1849, le conseil, amené à discuter le programme de ce

(*) Quelques jours avant la création de ce cours, une dépêche ministérielle du 21 mars 1848 signalait « qu'il serait utile que les ingénieurs des mines ou au moins ceux que la disposition de leur esprit porte vers les travaux industriels, tout en perfectionnant leur instruction scientifique dans des voyages d'exploration, pussent suivre pendant un certain temps les détails de l'exploitation des chemins de fer, les grands ateliers de construction des locomotives et du matériel de ces voies de communication. »

Ce fut là l'origine du voyage ou plutôt de l'excursion de première année organisée par décision du 14 juillet 1848 sur les chemins de fer rayonnant autour de Paris. Cette excursion, qu'on ferait mieux encore d'appeler une promenade, fut maintenue jusqu'en 1856.

cours, insistait pour qu'il ne traitât pas des généralités de la science; son objet exclusif devait être la connaissance pratique des principales espèces servant à caractériser les terrains; pour rappeler ce but, le conseil demandait que le cours prît le titre de *Paléontologie pratique*. En rendant le décret de 1858, l'administration ne suivit pas tout à fait le conseil dans cette voie et sut peut-être mieux satisfaire au double but que l'on doit avoir en vue à l'École des mines de Paris.

Au début de cette année scolaire 1847-1848, qui devait amener tant de modifications, Dufrénoy, nommé professeur au Muséum, céda sa chaire de minéralogie à l'Ecole des mines à de Sénarmont (*).

Le conseil, dans cette même fin de l'année 1847, avait également arrêté le programme d'ensemble d'un cours, en 20 leçons, de droit administratif sur les mines, qu'il désirait voir confier non à un juriste de profession, mais à un membre du corps ayant acquis son expérience par la pratique; sur le refus de de Bonnard et de Migneron de se charger de ce cours, le conseil, sans faire une véritable présentation (**), avait cru pouvoir indiquer à l'administration supérieure Jean Reynaud (***) comme l'ingé-

(*) De Sénarmont, né le 6 septembre 1808, est mort le 30 juin 1852 inspecteur à l'Ecole des mines, poste où il avait été appelé, en 1856, à remplacer Le Play. En dehors de ses fonctions à l'Ecole, de Sénarmont professa la physique à l'Ecole polytechnique. D'une érudition profonde, d'une grande hauteur de vues, de Sénarmont apportait, en outre, dans ses relations, une courtoisie et une bienveillance qui ont laissé des souvenirs vivants à tous ceux qui ont fréquenté ce type du galant homme. Son enseignement se faisait remarquer par sa portée philosophique.

(**) Le droit de présentation n'a été officiellement accordé au conseil que par le décret actuel de 1856. L'ordonnance de 1816 n'en parlait pas, et, en fait, en effet, l'administration a, jusqu'en 1856, nommé les professeurs sans consulter le conseil d'abord, et en le consultant rarement dans la période de 1845 à 1856.

(***) Jean Reynaud, né à Lyon le 14 février 1806, est mort le 28 juin 1863. Il avait été dans son temps d'école intimement lié

nieur le plus propre à ce nouveau poste. Mais il ne devait être définitivement statué sur cette question (*) qu'après l'étude d'ensemble que crut devoir prescrire le gouvernement de la République, dès que, les troubles et le désordre de la première heure passés, le nouveau régime eut pris quelque stabilité.

---

avec Le Play, son conscrit, malgré leurs divergences de vue dans les questions sociales. Ils avaient ensemble, à leur sortie, fait un grand voyage en Allemagne non seulement au point de vue professionnel, mais encore pour étudier contradictoirement ces questions qui les sollicitaient également. Jean Reynaud fut un ardent adepte du saint-simonisme à ses débuts; il s'en retira avec éclat lors de la séparation d'Enfantin et de Bazard. Il ne s'est guère occupé de questions techniques; néanmoins son premier livre, préparé dans les loisirs de l'emprisonnement que lui valut sa courageuse attitude comme défenseur des républicains à la Chambre des pairs en 1834, fut une *Minéralogie des gens du monde*, parue en 1834 sans nom d'auteur et rééditée, sous son nom, avec le nouveau titre de : *Histoire élémentaire des minéraux usuels;* le premier travail publié dans le premier volume des *Mémoires* de la Société géologique (1833) est une note de lui sur la *Constitution géologique de la Corse*, où il avait été envoyé en service à sa sortie de l'Ecole en 1829; on attribue à Jean Reynaud une partie des intéressantes notices parues dans le volume de la statistique de l'administration des mines pour 1836. Ses principaux travaux historiques et philosophiques ont été insérés dans l'*Encyclopédie nouvelle*, commencée en 1835 avec Pierre Leroux; il a tiré de là la plupart de ses ouvrages postérieurs. En 1848, il fut sous-secrétaire d'Etat à l'instruction publique sous Carnot et membre de l'Assemblée constituante; il fut un des fondateurs de la célèbre Ecole d'administration supprimée en 1849 avant qu'il ait pu commencer le cours de matières politiques qu'il devait y professer. Aux événements de décembre 1851, il se retira de l'Ecole des mines et fut ultérieurement déclaré démissionnaire pour refus de serment (28 juin 1852). En 1854, il publiait *Terre et ciel*, son chef-d'œuvre, qui résume sa doctrine généreuse et sa philosophie poétique.

(*) Le nouveau gouvernement, à ses débuts, se borna, dans la dépêche du 21 mars 1848 citée à la note 1 de la page 167, à marquer l'utilité qu'il y aurait à ce que les élèves « prissent, par un séjour de quelque temps auprès d'un ingénieur en chef, des notions administratives sur la marche du service et la manière de traiter les affaires. »

Les décisions que nous avons déjà indiquées montrent que le nouveau gouvernement à ses débuts avait, sans aucune hésitation, pris diverses mesures sanctionnant, par solutions d'espèce, la voie de transformation profonde dans laquelle l'École était entrée depuis quelques années. Mais on s'écartait tellement et de plus en plus par là des actes originaires de 1816, qui constituaient, en somme, légalement encore la charte de l'École, qu'on conçoit très bien que, dès que les choses eurent repris quelque régularité, l'administration comprit qu'on ne pouvait persévérer dans un pareil système ; une étude d'ensemble s'imposait pour fixer, d'une façon appropriée, le régime le meilleur ; cette étude devait, du reste, amener la consécration définitive des vues dont nous venons de suivre l'évolution et de montrer les premières applications.

Les deux révolutions de 1830 et 1848 ont ainsi marqué pour l'École des mines des dates à chacune desquelles son régime a subi des modifications importantes ; la dernière a été plus marquée que la première, mais aussi préparée depuis plus longtemps.

A l'intérieur même de l'École, la révolution de 1830 ne paraît pas avoir laissé de traces sensibles (*), encore qu'on ne puisse douter que les élèves ne se soient joints à leurs camarades plus jeunes de l'École polytechnique. En 1848, les élèves, plus nombreux il est vrai, se mêlèrent

(*) Une difficulté s'était présentée à l'Ecole des mines, comme dans toutes les autres Ecoles spéciales se recrutant à l'Ecole polytechique, pour l'application de la malencontreuse ordonnance du 6 août 1830, peu après rapportée à cause de son inapplicabilité, en vertu de laquelle les élèves sortant de l'Ecole polytechnique devaient être nommés d'emblée lieutenants dans l'artillerie et le génie, et aspirants dans les ponts et les mines. Le conseil avait immédiatement indiqué le moyen de tourner la difficulté en ne nommant aspirants ceux de la promotion de 1830 que simultanément et après leurs anciens, et quand tous auraient satisfait aux obligations scolaires. On annulait ainsi, en fait, l'effet de l'ordonnance.

de plus près aux événements. Le 3 mars 1848, Marie, ministre des travaux publics, écrivait au conseil : « Les élèves de l'École des mines, comme leurs camarades des ponts et chaussées, ont montré dans les événements mémorables que nous venons de traverser, tout ce que l'on doit attendre de leur capacité et de leur dévouement à la chose publique ; c'est un hommage que je me plais à consigner ici et dont je vous prie de leur transmettre l'expression ». En même temps, tous les élèves, déjà en service, mais non encore nommés aspirants faute d'avoir achevé leurs obligations scolaires (missions et journaux de voyage, etc.), et tous ceux de troisième année furent déclarés d'emblée hors de concours.

Les élèves de l'École prirent une part encore plus active aux journées de juin qu'à celles de février. Lesbros, élève ingénieur de première année, mourut des suites des blessures reçues, le 24 juin, dans la rue des Noyers, à l'attaque d'une barricade, et M. Blavier, son camarade de promotion, fut décoré, le 2 mai 1849, pour sa belle conduite dans ces tristes circonstances.

Nous ne quitterons pas la période que nous venons de parcourir sans signaler une mesure très heureuse pour l'enseignement, prise par le gouvernement de Juillet, à la suite d'un avis émis par le conseil général des mines. Le gouvernement fit connaître, en 1834, au conseil de l'École que, conformément à cet avis, il était disposé à autoriser chaque année un ou deux professeurs à faire, pendant la période de suspension des cours, des voyages d'instruction pour lesquels un crédit de 3.000 francs serait ouvert. Le conseil indiquait les professeurs et arrêtait, de concert avec eux, l'itinéraire à suivre. La mesure fut appliquée assez régulièrement chaque année jusqu'en 1848 : Le Play en profita particulièrement pour visiter les usines de tous les pays. A partir de 1848, ces voyages devinrent plus rares ; la pratique en subsista cependant encore jusque vers le milieu de l'Empire pour disparaître depuis cette époque.

§ 5.

L'École depuis la réforme de 1848-1849 *jusqu'au décret de* 1856.

L'administration confia l'étude préalable de la réorganisation de l'École des mines à une commission spéciale de membres du corps des mines, constituée par décision du 16 juin 1848, sous la présidence de Cordier. Cette commission comprenait des ingénieurs pris à l'École et en dehors : Dufrénoy, Le Play, de Sénarmont et Couche représentaient l'École ; Boulanger, Sauvage et Le Chatelier, qui fut à la fois secrétaire et rapporteur de la commission, l'élément étranger. Le travail de cette commission amendé sur quelques points par le conseil de l'École, transformé en ce moment, comme nous allons le dire, en *Conseil central des Écoles des mines*, est devenu l'arrêté ministériel du 17 avril 1849, qui fut, en fait, jusqu'au décret actuel de 1856, la charte de l'École aux lieu et place de l'ordonnance de 1816 et des actes qui l'avaient accompagnée. Cet arrêté de 1849, si soigneusement préparé, ne subit, avant le décret de 1856, que quelques modifications de détail sur le système de notation dans les examens, introduites par les arrêtés du 31 janvier 1853 et du 24 avril 1854. Le décret de 1856 n'a d'ailleurs pas abrogé totalement l'arrêté de 1849 et ceux qui l'ont modifié ; on admet qu'on doit combiner les clauses résultant de ces actes qu'on peut appeler de l'époque intermédiaire avec les dispositions qui découlent du décret.

L'arrêté ministériel de 1849 n'a fait en somme, en dehors de quelques dispositions de détail sur le fonctionnement intérieur de l'École, que consacrer toutes les améliorations successives introduites ou projetées par le conseil et l'administration de l'École, de 1845 à 1847.

La scolarité pour l'enseignement professionnel proprement dit était désormais porté à trois ans pour tous les élèves, sans distinction d'ingénieurs et d'externes; aussi bien l'article 2 stipulait expressément leur assimilation pour tout ce qui concernait l'enseignement, cours oraux et exercices pratiques (*). Aux cours qui subsistaient depuis l'origine ou se trouvaient avoir été déjà créés par décisions spéciales, venait enfin s'ajouter la législation des mines.

Les cours préparatoires pour les élèves externes qui n'étaient pas de force à aborder l'enseignement spécial étaient maintenus avec plus de développement que lors de leur création en 1844; deux cours distincts, l'un de mécanique et physique et l'autre de géométrie descriptive et calcul infinitésimal, étaient créés à la place du cours unique confié jadis à Delaunay (**); mais l'année des cours préparatoires se trouva désormais placée en dehors et en

(*) Cette clause doit s'entendre et s'entend pour les exercices pratiques intérieurs. Pour les voyages, les élèves externes ne sont tenus à rien après leur troisième année, tandis que les élèves ingénieurs ont à effectuer un voyage au sujet duquel ils rédigent un journal et deux mémoires dont l'importance est à tous égards considérable.

(**) Le cours unique de 1844-1845, dédoublé en 1848-1849, devait enfin constituer trois cours distincts en 1868 par la séparation de la physique. La répartition des matières entre les deux cours de mathématiques a varié avec le temps. L'analyse et la mécanique ont été réunies en 1856. Plus récemment, en 1882, l'analyse a été réunie à la géométrie descriptive; et la mécanique seule a fait l'objet d'un cours distinct.

Les programmes de chaque cours ont du reste varié en même temps et dans le même sens que les programmes respectifs de la classe de mathématiques spéciales et de l'Ecole polytechnique, de façon que les cours préparatoires de l'Ecole des mines pussent toujours être placés utilement à la suite de l'enseignement de cette classe et comme remplacement de l'enseignement donné dans cette Ecole.

avant de la scolarité normale de trois ans des cours spéciaux, suivant le nom qui leur est resté d'après celui employé par l'arrêté de 1849.

L'administration n'avait pas attendu de rendre l'arrêté du 17 avril 1849 pour introduire à l'École les modifications désormais décidées ; elles purent entrer en fonctionnement au début de l'année scolaire 1848-1849.

Dès le 15 novembre 1848 était créé le nouveau cours spécial, sous le titre d'*Economie* (*) *et législation des mines;* il fut confié à Jean Reynaud (**), que, dès 1847, nous avons vu le conseil désigner à cet effet à l'administration supérieure; on ne pouvait faire un choix plus heureux pour inaugurer ce côté nouveau de l'enseignement de l'École; l'éloquence entraînante du futur auteur de *Terre et Ciel* était de nature à séduire les élèves.

Suivant décision du 18 novembre 1848, avaient été créés les cours préparatoires, de cinquante-cinq à soixante leçons chacun : de mécanique et physique, confié à Delaunay; géométrie descriptive et calcul infinitésimal,

---

(*) Garnier, l'économiste, avait demandé à faire à l'École des mines un cours spécial d'économie politique comme celui professé par lui à l'École des ponts et chaussées. Le conseil, saisi de cette demande, considérant qu'il s'agisait surtout de l'application de l'économie politique aux mines et usines et à leur statistique, avait été d'avis qu'il convenait de confier ces leçons à un ingénieur et de les joindre au cours de législation dont il réclamait instamment la prompte organisation.

La commission spéciale d'organisation, en appuyant vivement la création du cours de législation demandé dès 1847, avait insisté, comme jadis le conseil de l'École, sur la convenance de le confier à un ingénieur qui seul pourrait saisir les relations existant entre le droit des mines et usines et les questions d'art.

(**) Le programme du cours en vingt-quatre leçons que professa Jean Reynaud a été publié dans les *Annales des mines* de 1849.

On y devine la haute portée philosophique que cet esprit si élevé s'était attaché à donner à cet enseignement plutôt que de s'astreindre à une étude d'application pratique que le temps dont il disposait ne lui aurait pas permis d'approfondir suffisamment.

confié à de Chancourtois; chimie générale, confié à Rivot. Ces cours devaient être professés du 15 novembre au 15 juin.

La commission spéciale, le conseil et l'administration supérieure, à la suite de l'étude attentive d'ensemble qui venait d'être entreprise, s'étaient accordés à l'envi à reconnaître l'utilité primordiale de cette institution des cours préparatoires sur laquelle, en effet, repose en quelque sorte le fonctionnement de l'École. Le nombre des élèves ingénieurs était et devait être toujours trop réduit pour qu'une École des mines pût fonctionner pour eux seuls avec le coûteux développement de professeurs, collections et laboratoires qu'elle entraîne nécessairement si elle veut être à la hauteur de sa destination.

Aux élèves ingénieurs ajoute-t-on un nombre suffisant d'élèves externes, l'École peut fonctionner utilement sans que ses dépenses soient en disproportion avec ses résultats; on obtient alors avec le minimum de frais le maximum de rendement pour l'intérêt public. Avec la manière dont se donne partout encore aujourd'hui l'enseignement des hautes mathématiques, de la physique et de la chimie, les élèves qui veulent aborder utilement les études spéciales d'un enseignement aussi relevé que celui de l'École des mines, devraient, sans l'existence de ces cours préparatoires, avoir passé par des écoles spéciales telles que l'École polytechnique ou l'Ecole normale supérieure. Sans compter la perte de temps qui en résulterait pour eux, on écarterait par ce système, comme le conseil de l'École l'avait fait remarquer avec tant de sens dès 1840, des jeunes gens qui viennent chercher à l'École des mines un enseignement particulier qui leur est utile ou nécessaire pour les professions auxquelles ils se destinent. En le donnant à l'École même, avec un programme approprié, en relation directe avec les nécessités de l'enseignement spécial, ce haut enseignement préparatoire peut être réduit au strict nécessaire; il peut du reste être fait sans entraîner aucune charge sensible pour l'État qui disposera toujours, à Paris, d'ingénieurs en mesure de donner utilement de pareilles leçons, tout en étant chargés par ailleurs de services publics.

Aussi s'explique-t-on que l'institution des cours préparatoires ait été maintenue et même améliorée avec le temps, sans sortir du programme général qui avait été parfaitement entrevu et tracé dès leur création.

La commission spéciale de 1848, où dominaient, comme nous allons le dire, les vues pratiques, avait même voulu donner à ces cours préparatoires plus de développement qu'ils n'en reçurent du conseil. La commission avait demandé que les trois cours eussent chacun soixante-dix leçons; le conseil pensa qu'on pouvait les réduire de cinquante-cinq à soixante.

Les élèves des cours préparatoires n'eurent pas seulement l'avantage de recevoir un enseignement théorique approprié; mais, en outre, ils ne tardèrent pas à être admis à travailler au laboratoire pendant six semaines (*) lorsque à l'époque des exercices d'été le laboratoire se trouvait libre des élèves des cours spéciaux; puis une salle de dessin leur fut réservée.

Ces dernières facilités données aux élèves des cours préparatoires, et qui en font en quelque sorte — c'est ainsi qu'on les considéra jusqu'en 1861 — des élèves assimilés aux élèves externes, ayant entrée définitive à l'École, peuvent être contestées, et nous verrons, en 1861, adopter

(*) L'admission des élèves des cours préparatoires au laboratoire cessa naturellement lors du changement de système admis en ce qui les concernait en 1861; dans ce second régime ils n'étaient plus, en effet, considérés comme élèves de l'École; après la transformation de 1883 qui a inauguré un troisième régime, intermédiaire entre les deux précédents, ils ont été reçus à nouveau au laboratoire.

un autre système de comprendre les cours préparatoires. Mais l'institution de ces cours était définitivement acquise comme inséparable de l'institution même des élèves externes, et celle-ci doit être tenue comme indispensable au complet fonctionnement de l'École des mines.

Ce mélange d'élèves externes relativement nombreux à quelques élèves ingénieurs ne laisse pas d'avoir pour la discipline intérieure de l'École un avantage précieux que le Conseil eut occasion de signaler, en 1866, à l'administration, lorsque celle-ci proposa d'introduire à l'École un officier surveillant, comme il en existait à l'École des ponts et chaussées. Les élèves ingénieurs dont l'avenir est quasiment fixé, quoi qu'ils fassent à l'École, peuvent se relâcher ; les élèves externes, qui ont une carrière à assurer, sont tenus à travailler d'une manière constante et assidue qui assure le bon ordre intérieur, malgré la liberté relative dont on a joui de tout temps à l'École des mines (*).

En même temps que les élèves externes obtenaient ainsi des droits importants, leurs obligations devenaient plus étroites et mieux définies. Avant que la scolarité eût été régulièrement fixée à trois ans, les élèves externes qui, au bout de deux ans, avaient obtenu tous leurs médiums quittaient l'École avec un diplôme. A défaut, ils faisaient une troisième année et conquéraient leur diplôme par l'obtention de tous les médiums. S'il leur manquait quelque médium on se bornait à leur donner un certificat. Dans le nouveau système, cette solution hybride disparut. Les médiums s'imposaient aux élèves externes comme aux élèves ingénieurs à peine de redou-

(*) En 1866 l'administration se rendit à ces raisons et ce ne fut qu'en 1874 qu'elle crut devoir introduire à l'École un officier surveillant alors que le nombre des élèves eut considérablement augmenté.

blement, ou finalement d'exclusion à la fin de la scolarité, sans délivrance d'aucun certificat (*).

En dehors des créations nouvelles que nous venons d'indiquer, la commission spéciale et le conseil s'occupèrent de la revision de tous les programmes comme de la réorganisation du fonctionnement intérieur. Il est utile de mentionner les modifications de quelque importance qui furent ainsi introduites, et il n'est pas sans intérêt même de signaler quelques divergences qui s'élevèrent entre la commission spéciale et le conseil dont l'administration adopta toutes les propositions pour en former l'arrêté de 1849.

Dans le sein de la commission spéciale deux courants s'étaient marqués correspondant chacun à l'un des côtés du double objectif que doit se proposer une institution comme l'École des mines de Paris : il y faut former des ingénieurs dont les uns doivent se vouer plus spécialement aux études et travaux géologiques, études et travaux de portée immédiate plus scientifique que pratique, et dont les autres doivent être ingénieurs pratiquant ou suivant la pratique d'industries assez diverses. Sans perdre de vue le caractère élevé et toujours scientifique que doit avoir l'enseignement d'une École spéciale, qui se lie intimement à l'enseignement de l'École polytechnique, la majorité de la commission de 1848 eut une tendance marquée à faire prévaloir le côté pratique sur le côté scientifique ; toutes ses propositions s'inspirèrent de cette idée. Elle voulait réduire le cours de docimasie, débarrassé de toutes les généralités purement théoriques, de 80 à 60 et même 40 leçons pour augmenter d'autant la durée du séjour au laboratoire ; elle demandait que l'enseignement industriel comprît désormais des matières de

(*) L'exclusion était prononcée dès la fin de l'année préparatoire si, à l'examen qui la terminait, on n'obtenait pas le médium dans chacune des matières de l'enseignement préparatoire.

minéralurgie qu'elle considérait comme du ressort de l'industrie minérale, telles que la fabrication du gaz d'éclairage, des produits ammoniacaux et des noirs décolorants, des acides minéraux et des sels, des couleurs minérales, des produits céramiques (*), ainsi que la fonte et le moulage du bronze et des divers alliages. Elle voulait que dans le cours qui, jusqu'alors, continuait à s'appeler officiellement cours d'*exploitation des mines*, mais dont Combes avait déjà fait un cours d'*exploitation et mécanique*, on ne se bornât pas à étudier les machines de mines et d'usines, mais qu'on donnât des notions étendues sur la construction des machines, sur les outils, sur les machines-outils et les procédés d'exécution employés dans les ateliers pour la forge, l'ajustage, le montage et la chaudronnerie, ainsi que sur l'installation des ateliers eux-mêmes ; le cours ainsi complété se serait appelé cours d'*exploitation et mécanique appliquée*. La commission demandait enfin qu'on donnât des notions précises sur l'aménagement des eaux minérales, des eaux motrices, sur la pose des conduites et des appareils de distribution d'eau et de gaz.

Le conseil de l'École maintint le cours de docimasie à 80 leçons, mais en décidant qu'on y introduirait la description des principaux arts chimiques, étant entendu par là que ce cours devait plus spécialement s'occuper de la fabrication des matières qui n'était qu'un emploi de produits déjà marchands ; la minéralurgie devait garder ou comprendre le traitement des produits mis en œuvre tels que l'extraction les donnait ; on écarta, d'ailleurs, la fabrication des produits ammoniacaux et des noirs décolorants.

Le conseil rejeta l'idée du cours de construction

(*) A raison de la compétence spéciale d'Ebelmen et de sa situation à Sèvres, la commission spéciale demandait qu'il fût exceptionnellement chargé des leçons de céramique.

mécanique, qui ne devait être reprise et appliquée qu'à la réorganisation de l'enseignement en 1887; mais le cours d'*exploitation des mines* devenait officiellement, dans l'arrêté de 1849, cours d'*exploitation des mines et machines* (*). Quant aux eaux minérales, le conseil fut d'avis que le professeur d'exploitation ne devait les introduire dans son cours que lorsque cet art serait assez avancé pour comporter une mention spéciale (**).

Parmi les modifications qu'elle suggéra dans le fonctionnement de l'École, la commission, appuyée sur ce point par le conseil, insista pour que le premier voyage à faire au bout de la deuxième année, — l'intervalle entre la première et la deuxième année restant consacré aux exercices pratiques de laboratoire, levés de plans, de machines et bâtiments, — ne fût qu'une étude de détail, circonscrite dans un district minéralurgique restreint, et encore mieux dans deux établissements seulement, une mine et une usine, avec mémoires rédigés sur place.

Le second voyage, au bout de la troisième année, devait rester une excursion rapide où l'on pourrait mettre à profit l'habitude d'observer et de suivre les détails contractée dans la première mission. Les élèves externes, pour lesquels jusqu'alors le voyage n'avait été que facul-

(*) On ne s'explique pas que, dans le texte du décret de 1856, ce cours ait repris son ancienne appellation de cours d'*exploitation des mines*; nonobstant cette qualification officielle, le cours a toujours conservé dans la pratique le titre qui répondait d'une façon si précise à son double programme.

(**) On ne doit pas s'étonner de voir la commission spéciale se préoccuper ainsi des eaux minérales. Le décret-loi du 8 mars 1848 venait d'appeler les ingénieurs des mines à jouer dans ce service le rôle technique qu'ils ont conservé depuis. A cette date, du reste, M. Jules François, auquel revient sans conteste l'honneur d'avoir créé l'art du captage des eaux minérales, avait déjà fait plusieurs de ses plus beaux travaux, notamment ceux relatifs à Bagnères-de-Luchon, publiés dans les *Annales des mines* de 1842 (4e série, t. 1, p. 557), et ceux si curieux concernant Ussat.

tatif, devaient être astreints désormais à un voyage, ou mieux à une station dans un établissement industriel, mine ou usine, au besoin dans un atelier de Paris ou des environs (*).

Sur l'initiative prise par la commission spéciale et le conseil, l'administration apporta, par l'article 19 de l'arrêté de 1849, une modification aux règles anciennes, maintenue depuis, de nature à produire, à un point de vue relativement un peu secondaire, d'heureux résultats : les élèves ingénieurs, à leur sortie de l'École, acquéraient désormais le droit de choisir, d'après leur rang de classement, leur résidence parmi celles disponibles.

Ce fut également à partir de cette époque que les examens et le classement eurent lieu par année, au lieu du système antérieur de concours annuel entre tous les élèves sans distinction.

Avant que le gouvernement soumît au conseil de l'École les propositions de la commission spéciale, le conseil et l'administration supérieure de l'École avaient d'ailleurs subi d'importantes modifications. Par arrêté ministériel du 20 juillet 1848, le conseil de l'École, dont le nombre des membres était augmenté, avait été transformé en *Conseil central des Écoles des mines*, auquel devaient être soumises non seulement toutes les questions relatives à l'École des mines de Paris, mais encore celles concernant les écoles de Saint-Étienne et d'Alais. A cette même date du 28 juillet 1848, Dufrénoy était nommé directeur de l'École, et Le Play, inspecteur des études, « chargé en cette qualité, disait la décision ministérielle,

---

(*) Malgré les vues pratiques qui dominèrent surtout dans la commission spéciale, il ne fut nullement question à cette époque d'écoles pratiques. Michel Chevalier seul avait repris l'idée et en avait saisi directement, à titre officieux, l'administration supérieure un peu avant la chute du gouvernement de Juillet (V. p. 83).

sous les ordres immédiats du directeur, de l'administration intérieure de l'École, de la conservation des collections et modèles et de la surveillance du bureau public d'essais ». Cette décision était motivée par l'importance des collections et le nombre des élèves externes, nationaux ou étrangers.

Le *Conseil central des Écoles des mines* devait fonctionner en cette qualité jusqu'à la réorganisation de 1856. En réalité, il n'eut guère à s'occuper d'autres matières que de celles concernant l'École de Paris, et il continua à s'en occuper dans les mêmes conditions que jadis le conseil de l'École. Ses attributions, à cet égard, n'avaient pas été changées nonobstant la création d'un directeur ; celui-ci notamment n'avait pas la présidence du conseil, qui ne devait lui être dévolue de droit que par le décret de 1856; jusqu'à ce décret également, le conseil continua à délibérer sur le budget annuel de l'École.

Dans toutes les occasions où le *Conseil central des Écoles des mines* eut à s'occuper de propositions relatives à l'École de Saint-Étienne, il s'efforça de lutter contre l'extension de plus en plus grande que les directeurs de cette École tendaient continuellement à lui donner. La commission spéciale de 1848 avait déjà développé cette idée; elle avait fait remarquer que l'École de Saint-Étienne avait été détournée de sa destination primitive, qu'on prétendait y préparer des directeurs alors qu'elle avait été créée pour y former des chefs d'ateliers et des contre-maîtres; elle avait reconnu qu'il était trop tard pour revenir sur l'état actuel des choses, mais elle avait pensé qu'il fallait résister à toute nouvelle extension.

Le *Conseil central des Écoles* se plut, au contraire, en toutes circonstances, à encourager Callon dans l'œuvre qu'il poursuivait à Alais.

Cette série de transformations de toute sorte poursuivies depuis 1844 et définitivement consacrées par cet ensemble de décisions de 1848 et 1849, rendues après les études les plus attentives et l'examen le plus approfondi, laissait, il est vrai, subsister bien peu de chose de l'organisation officielle de 1816. On paraît s'être assez peu préoccupé de ces scrupules légaux. En tous cas, l'École avait trouvé le cadre stable et complet suivant lequel elle devait vivre désormais. Les modifications que nous aurons encore à relater seront, en effet, relativement secondaires et, en tout cas, d'une importance bien inférieure à celles que nous venons d'indiquer.

A un système nouveau, il faut généralement des hommes nouveaux. Le personnel de l'École, en ce qui concernait les anciens cours, était relativement assez jeune ou assez nouvellement en fonctions pour qu'un changement de cette nature fût utile dans l'espèce. Toutefois Combes, tout en restant titulaire jusqu'en 1856, céda l'enseignement effectif de l'exploitation des mines et des machines à Callon (*) qui professa, à titre de suppléant, à partir de 1848. Quelques années après, la mort regrettable d'Ebelmen, le 30 mars 1852, amenait Rivot à

(*) Callon, né le 9 décembre 1815, est mort inspecteur général le 8 juin 1875. Avant de venir professer à l'École des mines de Paris, d'abord en 1848 comme suppléant de Combes, puis à partir de 1856 comme titulaire, Callon avait professé à l'École de Saint-Étienne et créé l'École des mines d'Alais. L'enseignement de Callon, très complet au point de vue théorique, prenait une valeur exceptionnelle, dans une école d'application, de la pratique si brillante et si étendue de l'art des mines et des constructions que Callon faisait dans l'industrie privée. Il a occupé dans l'industrie des mines, comme directeur et comme conseil, avec une autorité incontestée, une place et un rôle auxquels bien peu pourront prétendre. Les grandes affaires ne pouvaient se fonder sans que l'avis de Callon ne fût jugé nécessaire. Son double cours a été publié de 1873 à 1875, en deux volumes pour chacune des parties, et il est immédiatement devenu classique.

M. Jacqmin a consacré à Callon, dans les *Annales des mines* de 1875, une notice étendue qui fait bien ressortir sa vie si utilement occupée.

lui succéder; presque en même temps de Villeneuve (*) succédait, sans avoir peut-être les aptitudes pour le remplacer, à Jean Reynaud que les événements politiques de 1851 avaient amené à renoncer brusquement au professorat (**), en sorte que le cours et les examens d'économie et de législation n'eurent pas lieu dans l'année scolaire 1851-1852.

Avant même que les événements de décembre 1851 eussent changé le régime du pays, l'administration avait invité le *Conseil central des Écoles des mines*, le 29 octobre 1851, à étudier un projet de réorganisation de l'École des mines de Paris sur le plan d'après lequel venait d'être rendu le décret du 13 octobre 1851 relatif à l'École des ponts et chaussées. Le conseil eut assez promptement terminé ce travail qui était soumis à l'administration dès le début de 1852; mais plusieurs années après seulement, l'administration se décida à faire rendre, à la suite de ces propositions, modifiées du reste sur quelques points, le décret du 15 septembre 1856, qui règle aujourd'hui encore l'École.

En attendant, l'École continuait à fonctionner, d'une façon du reste très heureuse à tous égards, dans les conditions définies par l'ensemble des décisions interve-

---

(*) De Villeneuve, né le 19 août 1803, mort le 11 mai 1874, s'est beaucoup plus occupé de géologie et d'agriculture que de droit et de législation. D'une imagination ardente, il s'était passionné pour la théorie des alignements; il en a usé jusqu'à en abuser dans sa carte géologique du Var et le volume de texte explicatif qui l'accompagne, parus en 1856. Chercheur et inventif, mais personnellement peu pratique, il a entrepris ou fait entreprendre dans la Provence, à l'une des plus illustres familles de laquelle il appartenait, des affaires diverses qui lui ont généralement médiocrement réussi. Il a cependant rendu de réels services par l'impulsion donnée à la fabrication des ciments de la Bédoule.

(**) Jean Reynaud, avant d'être rayé des cadres pour refus de serment, avait été mis en congé illimité le 26 décembre 1851.

nues de 1848 à 1849, et notamment par l'arrêté du 17 avril 1849.

La pratique de cet arrêté amena toutefois à le modifier sur quelques points de détail relatifs au système de notation et d'appréciation dans les examens. Ces modifications furent introduites par les arrêtés ministériels des 31 janvier 1853 et 24 avril 1854. Ces arrêtés eurent pour objet de faire disparaître l'antique système du *médium* obligatoire dans chaque matière (*), et de substituer à un mode de notation qui était devenu un véritable casse-tête chinois, le mode de notation si simple et aujourd'hui partout classique de l'appréciation de chaque épreuve par l'emploi d'une échelle de 0 à 20.

En 1853, l'enseignement reçut une nouvelle addition. La mode était alors au drainage; plusieurs ingénieurs des mines s'en étaient occupés volontairement avec succès dans leurs services. Le ministre demanda au conseil s'il ne conviendrait pas de comprendre désormais cette ma-

---

(*) Dans le système créé par ces arrêtés de 1853 et 1854 le passage d'une année à l'autre et la sortie de l'Ecole exigent que l'on ait chaque année une moyenne générale de douze sur vingt et que les trois moindres notes donnent une somme supérieure à vingt-quatre; l'exclusion est facultative si une seule note descend à huit. Dans ce système il n'y a pas de moyenne partielle, ou suivant l'ancien mot, de *medium* obligatoire pour chaque matière. Le conseil avait entendu faire disparaître toute trace de cette idée pour ne pas tenir compte éventuellement de la médiocrité en une matière d'un élève qui peut être supérieur dans d'autres.

S'il n'existe plus de *medium* obligatoire dans chaque matière, avec les sévères sanctions de jadis, on exige qu'on repasse une seconde fois, l'année suivante, l'examen concernant certaines matières pour lesquelles l'année antérieure on n'a pas obtenu une note déterminée. Pour la minéralogie et la paléontologie, par exemple, il faut avoir obtenu 16 pour être dispensé de repasser l'examen. Aujourd'hui où l'exploitation des mines s'enseigne toujours en première année, avant que les élèves aient pu voir les choses par eux-mêmes, une mesure analogue pourrait être prise utilement peut-être pour cette matière.

tière dans l'enseignement de l'École. La proposition fut d'autant mieux agréée que de Villeneuve, dont les aptitudes agricoles étaient à coup sûr supérieures aux aptitudes juridiques, ne demandait pas mieux que de s'en charger; les leçons furent créées par arrêté ministériel du 10 août 1853. De Villeneuve proposa et fit adopter un programme en 15 leçons qui était un cours réduit d'agriculture plutôt que des leçons sur le drainage. L'ensemble du cours de de Villeneuve était ainsi porté au chiffre normal de quarante leçons des autres cours. Cet enseignement commença avec l'année 1853-1854; il fut l'origine du cours spécial d'agriculture créé officiellement par le décret de 1856, et transformé depuis au point qu'on peut le dire supprimé.

§ 6.

L'École depuis le décret de 1856.

Lorsque le gouvernement se décida enfin à rendre, le 15 septembre 1856, un décret qui était préparé depuis quatre ans, cet acte ne fit que consacrer, sous une forme plus rationnelle et plus régulière en droit, ce qui, en fait, existait et fonctionnait normalement depuis quelque huit ans. Ce décret, qui consacrait à nouveau une œuvre successivement et patiemment accomplie, mérite cependant qu'on s'y arrête. Il a eu l'avantage d'une part de bien préciser ce qu'est l'École des mines, et il présente d'autre part certaines particularités qu'il convient de signaler.

« L'enseignement de l'École, dit son article 2, a pour objet spécial l'exploitation et le traitement des substances minérales; il a également pour objet l'étude des machines et appareils à vapeur, la recherche, la conservation et l'aménagement des sources d'eaux minérales (*),

(*) On ne s'étonnera pas de cette énumération au lendemain de la loi du 14 juillet 1856 et du décret du 8 septembre 1856 sur

le drainage et les irrigations (*), l'exploitation et le matériel des chemins de fer, et, en général, les arts et les travaux qui se rattachent à l'industrie minérale ; il comprend les connaissances de mécanique, de métallurgie (**), de docimasie, de minéralogie, de paléontologie, de géologie pure et appliquée à l'agriculture, de droit administratif, de législation des mines et d'économie industrielle, ainsi que les principes de l'art des constructions nécessaires aux ingénieurs des mines et aux directeurs de mines et d'usines ».

On ne saurait mieux exposer ce qu'était devenu l'enseignement de l'École, sous les nécessités de la pratique et à la suite d'une évolution patiemment étudiée, ni mieux indiquer ce qu'il doit rester pour que l'École réponde à sa destinée première. L'application de ce programme d'ensemble peut, avec le temps, nécessiter des modifications de détail, des développements donnés à une matière ou des restrictions apportées à une autre ; il ne sera pas nécessaire pour cela de modifier le programme général du décret de 1856, pourvu qu'on l'entende, comme il doit l'être, largement (***).

---

la conservation et l'aménagement des sources d'eaux minérales, matière dans laquelle les ingénieurs des mines étaient appelés à jouer un rôle si important; et cependant ce n'a été que lors de la refonte des programmes, en 1887, qu'une part a été faite aux eaux minérales dans l'enseignement, part qui n'est peut-être pas en proportion, au point de vue surtout du captage et de l'aménagement, avec le rôle des ingénieurs des mines dans ce genre d'affaires.

(*) Le drainage et les irrigations ont, non sans raison, à peu près complètement disparu aujourd'hui de l'enseignement de l'Ecole.

(**) Le décret de 1856 est le premier acte qui ait fait disparaître ce vieux mot, un peu barbare peut-être, mais si expressif pourtant, de minéralurgie; le mot répondait exactement à ce « traitement des substances minérales » indiqué comme un des deux objets principaux de l'enseignement de l'Ecole.

(***) Il est certain qu'en 1856, par exemple, on ne pouvait son-

L'École, plus spécialement destinée, suivant l'article 1er, à former les ingénieurs nécessaires au service confié par l'État au corps des mines, reçoit, d'après l'article 5, des élèves externes qui, dit cet article, « participent à tous les cours et exercices pratiques de l'École », des élèves étrangers et des élèves libres. L'article 13 confère, d'ailleurs, au ministre, la faculté d'instituer un certain nombre de cours préparatoires destinés aux élèves externes, étrangers, et libres, qui ne sortent pas de l'École polytechnique. Peut-être peut-on regretter que le décret de 1856, tout en conservant, suivant les traditions de 1849, l'institution des élèves externes, n'ait pas organisé d'une façon plus ferme les cours préparatoires, sans lesquels l'institution ne pourrait vivre; si les cours préparatoires n'avaient pas été laissés sous l'empire du pouvoir d'appréciation discrétionnaire du ministre, on n'aurait pas eu à discuter à nouveau cette question en 1860.

Continuant sur un autre point les traditions du passé, le décret rappelait qu'il était établi près de l'École « un musée composé de collections relatives à l'industrie minérale et aux services qui s'y rapportent » et « un bureau d'essais spécialement chargé de l'essai et de l'analyse chimique des substances employées dans l'industrie ». Le musée, ouvert au public, restait indépendant des collections d'étude mises à la disposition des élèves.

Si le décret de 1856 a très nettement conservé la tradition originaire du musée qui doit être une annexe de l'École, il est à remarquer que le service des cartes géologiques et topographiques n'est plus rattaché à l'École comme il l'était dans l'ordonnance de 1816. L'expérience

---

ger aux applications de l'électricité qui, dans un avenir prochain, jouera peut-être un rôle comparable à celui de la vapeur au point de vue mécanique, et nécessitera, par suite, dans les cours de machines ou de mécanique appliquée une place comparable à celles faites à l'hydraulique et à la vapeur.

s'était également prononcée sur ce point et avait montré que ces services ne pourraient effectivement pas être utilement conduits par le conseil de l'École. Il semble toutefois qu'une entente soit désirable entre les deux services au point de vue de leurs collections qui peuvent se prêter réciproquement un si fructueux concours. On paraissait le comprendre ainsi lors de la création du service de la carte géologique détaillée de la France, en installant ce service dans un bâtiment établi pour appartenir à l'ensemble des constructions destinées à l'École (*).

Comme par le passé, le système d'instruction comprenait (art. 28 à 31 du décret) les leçons orales professées pendant cinq mois d'hiver, de novembre à mars, et les exercices pratiques; de ceux-ci les uns, préparations et analyses au laboratoire, dessins et projets, s'exécutent pendant la période des cours; les autres, levés de plans superficiels et souterrains, de machines et de bâtiments, courses industrielles et (**) géologiques (***), avec

(*) De Chancourtois, avec son esprit si caractéristique de systématisation et son goût pour les expositions méthodiques, qu'il avait l'un et l'autre développés à l'école de Le Play, avait imaginé et exposé, en 1872, dans une autographie aujourd'hui assez rare, un plan grandiose réalisant l'union de ces services. Il proposait, à cet effet, de construire pour le *service géologique* un bâtiment au sud des constructions de l'Ecole, qui aurait fait le pendant de celui qui, au nord, abritant les nouveaux laboratoires, est affecté au *service docimastique*. Sur l'un des murs du hall central du bâtiment de la géologie aurait été représentée la carte géologique détaillée au 1/80.000 avec sa vraie courbure. Il est inutile de dire l'accueil fait par l'administration à un plan, à coup sûr séduisant par ses apparences, mais qui eût coûté des millions sans peut-être une utilité très établie.

(**) V. sur les visites industrielles, p. 138, note 2.

(***) Ces courses géologiques n'ont consisté fort longtemps que dans quelques excursions d'une journée aux environs de Paris. En dehors de ces courses préparatoires qui persistent, de Chancourtois, dès qu'il fut appelé par Elie de Beaumont à coopérer à l'enseignement de la géologie, organisa la grande course géologique de huit jours qui se fait à la fin des examens. De Chan-

les professeurs, et enfin les voyages d'instruction ont lieu l'été, pendant et après la période suivant les examens par lesquels se terminent annuellement les cours. Ce régime, dont une pratique constamment améliorée avait permis de tirer tous les fruits, avait donné de trop bons résultats pour qu'il y fût rien changé. Toutefois le décret (article 30) supprima le voyage, ou plutôt la promenade, qu'on avait pris l'habitude, depuis 1848, de faire faire aux élèves de première année (*).

Il faut signaler dans le décret de 1856, la disposition nouvelle formant l'article 16 en vertu de laquelle « les ingénieurs qui, par la spécialité de leurs travaux, ont acquis des connaissances exceptionnelles sur quelques parties de la science de l'ingénieur » peuvent être appelés à donner des conférences sur les sujets dont ils se sont ainsi occupés (**).

Suivant l'organisation inaugurée en 1848, l'administra-

---

courtois choisissait les localités de telle sorte que, dans le cours de la scolarité de trois ans, chaque élève eût pu visiter les pays respectivement classiques pour l'étude des terrains stratifiés, des roches éruptives anciennes et des roches éruptives modernes.

(*) Avant de faire rendre le décret de 1856, l'administration supérieure, en novembre 1855, avait demandé au conseil s'il était utile de faire ainsi voyager des élèves de première année ne sachant encore rien; le conseil avait répondu affirmativement, trouvant que ce voyage était de nature à dégrossir les élèves au point de vue de la pratique.

Ce système d'excursions, nécessairement très courtes, à la suite de la période d'exercices pratiques sur place de la première année, a été repris en suite d'une décision ministérielle du 12 mai 1866, rendue sur l'avis conforme du conseil. Ce voyage de première année doit consister en un séjour de trois semaines dans un district minier ou métallurgique français, de préférence le plus voisin de la résidence de l'élève.

(**) Les applications qui ont été faites de cette disposition sont les suivantes :

De 1864 à 1866, M. Moissenet, alors chargé des leçons de chimie générale aux élèves des cours préparatoires, décrivit la préparation mécanique des minerais d'étain, de cuivre et de plomb

tion courante de l'École était confiée, sous l'autorité du ministre des travaux publics, à un directeur (*) et à un inspecteur des études; celui-ci restait le conservateur du musée annexé à l'École. Faisant un pas de plus dans un système qui concordait, du reste, avec les idées de gouvernement personnel du régime impérial, le décret de 1856 a visiblement augmenté les attributions du directeur et diminué d'autant celles jadis dévolues au conseil. Le conseil, qui, en dehors du personnel de l'École : directeur, inspecteur et professeurs de l'enseignement spécial, ne comprenait que deux inspecteurs généraux désignés par le ministre, n'avait plus désormais à délibérer sur le budget (**) annuel; aux termes de l'article 6, § 3, en dehors des rares questions sur lesquelles le conseil doit nécessairement délibérer (***), la direction ne doit

---

en Angleterre, particulièrement dans le pays de Galles et le Cornouailles;

En 1866, M. Cornu, qui venait d'achever ses études à l'Ecole, fit des conférences sur la constitution des molécules cristallines des minéraux;

A partir de 1873 et jusqu'à la création en 1879 du nouveau cours qui lui fut confié, M. Fuchs a fait chaque année quelques conférences pour décrire des gîtes minéraux visités par lui, tels que les gîtes calaminaires de Belgique et de Sardaigne, ceux de phosphate de chaux, les gîtes du district de Carthagène (Espagne) et d'Atacama (Chili).

En outre, ce fut par application de cette disposition que M. Zeiller commença, en 1878, ses leçons de paléontologie végétale, et M. Potier, en 1882, celles sur les applications de l'électricité, entrées les unes et les autres depuis dans l'enseignement normal.

(*) Suivant l'article 6 du décret du 15 septembre 1856, la direction devait être confiée à un inspecteur général des mines de 1re classe; un décret du 30 mars 1884 permet à l'administration de désigner un inspecteur général de 2e classe.

(**) Dans le projet de décret préparé par le conseil en 1851-1852, celui-ci avait proposé de maintenir au conseil la délibération du budget.

(***) Le conseil est essentiellement une autorité purement consultative qui n'émet que des avis. Toutefois, aux termes de l'ar-

prendre son avis, avant de soumettre des propositions au ministre, que sur « les propositions importantes touchant l'instruction, le régime et la discipline ». Le directeur avait, en outre, de droit la présidence du conseil en l'absence du ministre qui en restait le président titulaire. Direction et conseil, sauf sur certains détails d'ordre intérieur où ils ont des attributions propres, n'agissent, d'ailleurs, comme jadis, que sous l'autorité du ministre des travaux publics.

Le décret créait un rouage nouveau qui ne pouvait également qu'atténuer encore, en droit du moins, le rôle et les attributions du conseil; c'est le conseil de perfectionnement (art. 22 à 27), présidé par le directeur (*), composé, en dehors de l'inspecteur de l'École, de trois inspecteurs généraux désignés par le conseil général des mines et de deux professeurs désignés par le conseil. Ce conseil de perfectionnement n'a toutefois que deux attributions : Il arrête, par un jugement définitif, dit l'art. 25, § 1, la liste des prix et accessits à délivrer, s'il y a lieu, aux élèves, d'après le classement provisoire préparé par les professeurs (**); il discute les mesures qui lui sont

---

ticle 20, § 2, du décret de 1856 « il arrête les listes de classement de fin d'année et de sortie, les décisions qu'il rend en cette matières n'étant susceptibles d'être réformées que pour fausse application du règlement. »

(*) On ne laisse pas d'être étonné de voir que la présidence du conseil ne revenant au directeur qu'en l'absence du ministre, le directeur est président de droit du conseil de perfectionnement.

(**) Le rapprochement des articles 25 et 26 du décret serait de nature à montrer que, contrairement à la pratique toujours suivie à l'Ecole des mines et que consacrait l'article 20 de l'arrêté ministériel du 17 avril 1849, les prix et accessits ne devraient plus être distribués aux élèves « qui se sont le plus distingués pendant le cours de leurs études », comme le disait cet arrêté, mais attribués par matière suivant ce qui se pratique à l'Ecole des ponts et chaussées dont il est constant que le décret de 1856 a voulu imiter l'organisation. Ainsi seulement on peut concevoir que les professeurs et non le conseil puissent préparer un clas-

suggérées en vue d'améliorer l'instruction de l'École, et il propose à l'approbation du ministre celles de ces mesures dont il croit devoir recommander l'application (*).

Signalons enfin la disposition nouvelle, au moins en droit, formant l'article 15 du décret, aux termes duquel le ministre doit choisir les professeurs sur une liste de candidats dressée, pour chaque place vacante, par le conseil de l'École (**).

Le décret de 1856, confirmant les créations successives antérieures, prévoyait l'établissement immédiat de neuf cours distincts avec professeurs spéciaux (***). En réalité le décret de 1856 ne reçut à cet égard sa complète exécution qu'en 1864. Jusqu'à cette date, en effet, M. Bayle continuait à enseigner la paléontologie à titre de conférences; il ne fut nommé professeur titulaire que le 8 avril 1864, par une régularisation de pure forme il est vrai. Le cours distinct d'agriculture, drainage et irrigations, ne fut également créé que par décision du 25 janvier 1864 qui le confia à Delesse (****); jusque-là les leçons avaient

---

sement provisoire et que le professeur intéressé soit admis avec voix délibérative au conseil de perfectionnement lorsque ce conseil statue sur cette question.

(*) Un seul fait suffirait à montrer le peu d'utilité du conseil de perfectionnement. Il ne fut constitué et ne commença à fonctionner qu'à la fin de 1858, deux ans après que le décret de 1856 eut été rendu.

(**) En fait, cette coutume s'était établie depuis 1848 avec l'assentiment de l'administration; le conseil, dans cette période intermédiaire, ne pensait même pas toujours à présenter une liste; il indiquait un seul candidat quand il lui paraissait que son choix s'imposait.

(***) Il était prévu que d'autres chaires pourraient être créées par décret rendu après avis des deux conseils (Décret de 1856, art. 11).

(****) Delesse, né le 3 février 1817, est mort inspecteur général le 24 mars 1881. Il avait été élu à l'Académie des sciences en 1879. Delesse s'est particulièrement occupé de métamorphisme et de lithologie, en étudiant surtout les roches par des analyses mécaniques et chimiques. Il a rendu de très grands services par

été faites, comme à l'origine de cet enseignement en 1853, par le professeur de législation. Ce double enseignement était échu, à partir de 1862, à M. E. Lamé Fleury, appelé à cette date à succéder comme professeur titulaire à de Villeneuve. M. Lamé Fleury l'avait, à de très nombreuses reprises, remplacé depuis 1855 pour l'enseignement du droit et de la législation; M. E. Lamé Fleury, avant de l'être officiellement, pouvait être considéré depuis longtemps comme le professeur de fait de ces matières à l'École.

Les cours de minéralogie, géologie et paléontologie restèrent, comme depuis 1816, les seuls cours publics. La commission spéciale de 1848 et le conseil s'étaient prononcés dans ce sens. Le décret de 1856, art. 5, § 4, a prévu toutefois la faculté pour le ministre d'admettre le public à tous les autres cours (*).

La direction de l'École était restée confiée à Dufrénoy, qui ne devait malheureusement pas jouir longtemps encore de la satisfaction qu'il dut éprouver en voyant son œuvre solennellement et définitivement confirmée à nouveau par le décret de 1856. Il mourait le 20 mars 1857, dans cette École si complètement transformée par lui, et aux destinées de laquelle il présidait depuis 21 ans. Quels changements aussi féconds que profonds accomplis durant cette période dans toutes les branches de tous les services qui se rattachaient directement ou indirectement à l'École!

Il fut remplacé à la direction de l'Ecole par Combes

---

la publication annuelle, pendant vingt ans, de la *Revue de géologie*, en collaboration d'abord avec M. Laugel, puis avec M. de Lapparent.

Il a enseigné à l'Ecole des mines de 1864 à 1879.

(*) Dans ces derniers temps, le conseil de l'Ecole a émis l'avis d'étendre la publicité à tous les cours, en tant que la mesure serait matériellement compatible avec la régularité du fonctionnement intérieur de l'Ecole.

qui, lui aussi, avait été un des premiers à coopérer, dès le début du gouvernement de Juillet, à la réorganisation de l'École. Nul n'était donc mieux à même que lui, à raison de sa haute situation scientifique et des traditions, pour recueillir l'héritage de Dufrénoy.

Avant même que le décret de 1856 eût été rendu, Le Play, après les succès obtenus à l'exposition universelle de 1855, avait résigné ses fonctions d'inspecteur de l'École pour entrer au Conseil d'État. Il avait été remplacé comme inspecteur, le 26 janvier 1856, par de Sénarmont, que sa parfaite courtoisie, non moins que ses qualités de penseur et d'érudit, désignait pour ce poste. Il ne devait pas l'occuper longtemps ; il mourait six ans après, dans l'exercice de ces fonctions, auxquelles Gruner (*), professeur de

(*) Gruner, né le 11 mai 1809, mort inspecteur général de 1re classe en retraite le 16 mars 1883, appartient à l'Ecole des mines de Saint-Etienne autant qu'à celle de Paris; il avait professé douze ans dans la première avant de professer quatorze ans dans la seconde. Il n'a abandonné l'Ecole des mines de Paris que pour prendre, en 1872, la vice-présidence du conseil général des mines qu'il garda jusqu'en 1879, où il fut atteint par la fatidique limite d'âge.

Gruner s'est livré avec un égal succès à la géologie et à la métallurgie. Comme géologue, ses travaux essentiels consistent dans la carte géologique de la Loire et les topographies des bassins houillers de la Loire et de la Creuse. M. Parran a fait plus particulièrement ressortir dans le *Bulletin de la Société géologique* (8e série, t. XII, p. 380) l'œuvre de Gruner comme géologue. Comme métallurgiste, il a publié de très nombreux mémoires dans divers recueils, et il s'occupait encore à réunir ses travaux et son enseignement dans un grand *Traité de métallurgie*, lorsque la mort est venue le surprendre; le tome I et la 2e partie du tome II ont seuls été publiés. M. Lodin, qui occupe aujourd'hui à l'Ecole la chaire de Gruner, a, dans une notice récemment publiée aux *Annales des mines* (3e livraison de 1888), signalé d'une façon détaillée l'œuvre métallurgique de ce maître.

L'enseignement de Gruner se recommandait par sa méthode philosophique non moins que par le nombre et l'exactitude des renseignements.

Une des œuvres qu'on doit également attribuer à Gruner est

métallurgie depuis quatre ans déjà, fut appelé à sa place.

Le Play ayant également résigné ses fonctions de professeur de métallurgie, Piot (*) fut désigné pour le remplacer à ce titre au début de l'année scolaire 1856-1857. Piot, dont la santé était déjà fortement ébranlée, ne passa pour ainsi dire que nominalement à l'École; il succombait le 17 juin 1858, ayant été suppléé dans l'enseignement qu'il n'avait pu donner par Rivot qui avait volontairement assumé, par camaraderie, la lourde tâche, dont il s'était brillamment acquitté, de professer simultanément la docimasie et la métallurgie. Piot fut régulièrement remplacé au début de l'année scolaire 1858-1859 par Gruner; les espérances que son passage à Saint-Étienne avaient permis de concevoir devaient être dépassées par la hauteur du cours qu'il devait professer à Paris pendant quatorze ans.

Dans cette même année 1856, de Chancourtois (**) com-

---

la constitution de la célèbre Société de l'industrie minérale de Saint-Etienne, à la vitalité persistante de laquelle il a contribué plus que personne.

(*) Piot, né le 21 novembre 1817, était arrivé à l'Ecole, précédé d'une très grande réputation de métallurgiste praticien, qu'il s'était acquise par ses travaux dans l'industrie privée, notamment dans les établissements de Wendel.

(**) De Chancourtois, né le 20 janvier 1820, mort inspecteur général des mines de 1re classe le 14 novembre 1886, n'a, pour ainsi dire, pas quitté l'Ecole où il était rentré en 1848 comme professeur des cours préparatoires, trois ans après y avoir terminé ses études qu'il couronna par ce voyage de dix-huit mois en Asie-Mineure et en Turquie, resté légendaire. De Chancourtois, dans cette longue carrière, a rendu à l'Ecole de nombreux services, non seulement par son professorat de géologie et antérieurement par ses leçons aux cours préparatoires, mais aussi par les leçons de topographie et la surveillance des exercices graphiques dont il hérita de Delaunay jusqu'à ce que l'administration se décida, en 1857, à redonner à l'Ecole un chef des travaux graphiques; il a concouru au rangement des collections et notamment de la collection statistique départementale.

M. Fuchs a fait connaître, dans une notice récente parue dans les *Annales des mines* (3e livraison de 1887), la vie et l'œuvre de

mença officiellement avec le titre de professeur-adjoint l'enseignement de la géologie que, depuis 1852 déjà, il donnait en fait partiellement comme suppléant; il devait continuer cet enseignement comme professeur-adjoint jusqu'en 1875, date à laquelle, après la mort d'Elie de Beaumont, il devint titulaire pour le rester jusqu'à sa mort, en 1886.

En somme, pendant toute la durée de l'Empire, l'École poursuivit régulièrement sa carrière sans modification appréciable dans son régime. La modification et la reconstruction des bâtiments entraînées par le percement du boulevard Saint-Michel ne laissèrent pas d'apporter d'assez grandes difficultés matérielles à la régularité de la vie scolaire. La direction sut parer à ces obstacles en déplaçant, suivant les besoins, les salles de dessin et en installant des laboratoires provisoires dans les bâtiments spéciaux mis temporairement à sa disposition à cet effet.

L'expérience et la pratique avaient mis en évidence l'excellence de la transformation subie par l'École. Une seule question de quelque importance dut être à nouveau examinée et discutée, celle du recrutement des élèves externes. A l'époque de la guerre de Crimée l'École polytechnique reçut des promotions relativement fort nombreuses auxquelles, à la sortie, étaient offertes très peu de places dans les services publics. De ce double fait résulta qu'à partir de 1855 des élèves ayant donné leur démission à la sortie de l'École polytechnique vinrent, en nombre de plus en plus grand, se présenter

de Chancourtois, en la faisant suivre de la bibliographie de ses travaux, relativement peu nombreux. Peut-être de Chancourtois, avec son ingéniosité si remarquable, a-t-il remué et donné plus d'idées qu'il ne laisse après lui de travail positif et d'effet durable. La vis tellurique et le réseau pentagonal, dont de Chancourtois s'était fait spécialement l'apôtre, sont des conceptions à coup sûr fort originales. Peut-on dire, surtout pour la dernière, qu'elles soient bien fécondes?

comme élèves externes à l'École des mines, et avec d'autant plus d'empressement qu'au début du second Empire, dans ce développement industriel qui le caractérisa, les carrières libres avaient repris faveur. Dans l'organisation existant encore à cette époque où les élèves des cours préparatoires étaient assimilés à de véritables élèves de l'École des mines, ces élèves de l'École polytechnique étaient tenus à passer l'examen, à programme réduit, sur les mathématiques élémentaires, arrêté en 1847, et qui était considéré comme l'examen nécessaire pour déterminer l'entrée à l'École des mines. Mais cet examen subi, les candidats venant de l'École polytechnique étaient naturellement autorisés à suivre immédiatement les cours spéciaux de première année, sans être astreints à passer par les cours préparatoires.

Cet état des choses, qui paraissait aller en s'accentuant (*), finit par attirer l'attention de l'administration supérieure ; elle se demanda même, en novembre 1860, s'il y avait utilité à maintenir les cours préparatoires. Le conseil n'eut pas de peine à éclairer l'administration sur ce point. Mais tout le monde fut d'accord pour reconnaître que la situation nouvelle demandait une réglementation nouvelle. De là les deux règlements du 1er août 1861 rendus par le ministre conformément aux propositions du conseil. Dans le système que consacraient ces règlements, les élèves des cours préparatoires cessaient d'être considérés comme des élèves de l'École ; ils n'en avaient plus le titre et ils perdaient le droit qu'ils avaient jadis de passer directement et sûrement aux cours de l'enseignement spécial. L'entrée comme élève externe n'avait lieu que pour l'admission à l'enseignement spécial ; elle devait s'acquérir désormais par un concours particulier dont le programme

(*) Aux examens d'entrée de 1855-1856, sur trente candidats, seize furent admis, dont sept venant de l'École polytechnique.

portait sur les matières faisant l'objet de l'enseignement de l'École polytechnique et des cours préparatoires. A ce concours annuel comprenant deux degrés, examen d'admissibilité et examen d'admission, pouvait se présenter dans des conditions égales, sans privilège les uns par rapport aux autres (*), qui voulait, d'où qu'il vînt. Les cours préparatoires étaient maintenus dans le seul but de donner à ceux qui les avaient suivis les moyens d'aborder le concours d'entrée : aussi était-il entendu, et le système fut de la sorte appliqué, que l'on devait se montrer très large pour l'admission aux cours préparatoires transformés en quelque sorte en un enseignement quasiment public ; le seul privilège qu'acquérait désormais l'élève qui avait suivi ces cours et subi convenablement l'examen de fin d'année qui les terminait, était d'être dispensé de l'examen d'admissibilité au concours ouvert pour les places d'externes aux cours spéciaux de première année. Quelques années après, en 1866, il fallut toutefois prendre des mesures pour éviter certains abus que la pratique de ce système révéla. Des élèves arrivaient à encombrer les cours préparatoires en s'y perpétuant pendant des années.

Le système inauguré en 1861, qui place la véritable entrée à l'École au début des cours spéciaux, s'est maintenue depuis sans altération. Une modification importante a été, toutefois, introduite par l'arrêté ministériel du 25 juin 1883, à la suite de circonstances que nous aurons plus tard à relater (V. p. 213). Cette modification a amené un système intermédiaire entre celui de l'origine et celui de 1861. Depuis 1883, les élèves des cours préparatoires ont acquis le droit de passer directement élèves externes aux cours spéciaux s'ils subissent

(*) Toutefois était maintenu par l'article 6 de l'arrêté l'antique privilège conféré à égalité de mérite aux fils de directeurs ou de concessionnaires de mines, de chefs ou de propriétaires d'usines minéralurgiques.

convenablement leur examen de fin d'année des cours préparatoires. Par contre, un certain nombre de places sont réservées, à la suite des précédentes, sans examen, et par rang de classement de sortie, aux élèves de l'École polytechnique qui ont eu une moyenne générale de douze au moins. Les autres places disponibles font seules l'objet du concours ouvert librement à tous dans le système de 1861.

Ces remaniements dans la réglementation de l'admission des élèves externes ont presque toujours conduit à examiner simultanément une question que cette institution soulève tout naturellement; c'est celle de savoir s'il ne convient pas d'exiger des élèves externes une rétribution scolaire. Jusqu'en 1868, le conseil de l'École a été toujours d'avis que, pour répondre à sa destination, l'enseignement leur fut donné gratuitement, et ces avis avaient toujours arrêté l'administration lorsque celle-ci avait manifesté des velléités d'établir une rétribution de cette nature. A partir de 1868, au contraire, le conseil, toutes les fois que l'occasion s'en est présentée, a insisté pour l'établissement de cette rétribution ; il y a été amené en constatant le nombre toujours croissant et des élèves externes que l'on a dû admettre et des candidats pour ces places, ainsi que les dépenses plus considérables qu'ont entrainées les développements de toute sorte donnés aux bâtiments, aux collections et à l'enseignement. Le conseil a toujours pensé, d'ailleurs, que l'origine de la plupart des élèves qui viennent à l'École leur permettrait de supporter aisément une pareille charge; un large système de bourses permettrait, du reste, d'atténuer ce fardeau dans la mesure utile pour n'écarter personne. En 1868, le conseil avait pensé que cette rétribution pourrait être de 500 francs par an (*); plus récemment il a estimé

(*) Ce chiffre de 500 francs avait été justifié par les observa-

qu'elle devrait être réduite à 300 francs. Jusqu'ici l'administration supérieure n'a pas cru devoir donner suite à ces idées (*).

§ 7.

L'École depuis les événements de 1870-1871.

Les funestes événements de 1870-1871 ne pouvaient pas ne pas faire sentir leur répercussion sur le fonctionnement de l'École des mines. Combes, dont la santé était déjà fort ébranlée, n'avait pu regagner Paris lorsque nos premiers désastres faisaient déjà pressentir la possibilité d'un investissement de la capitale. Une décision ministérielle du 17 août 1870 confia l'intérim de la direction à

---

tions suivantes, dans une délibération du conseil du 22 octobre 1868, rappelée le 23 octobre 1869.

Depuis l'achèvement des nouveaux bâtiments et la mise en service des nouveaux laboratoires, le nombre moyen des élèves externes s'était accru dans le rapport de 2 à 3 (40 contre 60); le nombre des semaines passées au laboratoire s'était élevé de 420 à 778. Les dépenses du laboratoire en réactifs, appareils et combustibles pour toute la scolarité d'un élève étaient de 700 francs ou de 233f,33 par an, sans compter une dépense en frais communs au laboratoire de 9.050 francs, et en divers autres frais communs de 800 francs. En comptant sur une moyenne de 70 élèves, on arrivait à un prix de revient de : 233f,33 + 139f,28 + 82f,85 = 445f,46. Ce calcul laissant en dehors le traitement des professeurs, fonctionnaires et employés, les frais pour bâtiments, collections, bibliothèque, etc., on arrivait à justifier amplement le chiffre proposé de 500 francs.

Bien que, par suite de l'accroissement du nombre des élèves, le prix de revient actuel, calculé comme ci-dessus, ait baissé, le chiffre de 300 francs lui est encore inférieur; mais il ne faut pas, en ces matières, vouloir faire les choses trop industriellement.

(*) Il y a été simplement fait allusion dans des documents soumis au Parlement, notamment dans les rapports sur les budgets de 1888 et 1889 à la Chambre des députés.

M. Et. Dupont (*), qui venait de succéder à Gruner (**) dans les fonctions d'inspecteur, que celui-ci avait dû quitter lors de sa promotion au grade d'inspecteur général de 1re classe. L'énergique activité et l'intelligente initiative de M. Et. Dupont, aidé par le personnel resté à Paris, surent préserver l'École, et permirent à son personnel de rendre, en outre de ses attributions normales, de réels services à la défense de la capitale.

Le lendemain du jour où l'investissement avait commencé, M. Et. Dupont fut requis par le ministre des travaux publics du gouvernement de la Défense nationale, Dorian, de procéder à tous les travaux nécessaires pour préserver les collections. Les échantillons et objets les plus précieux (***), désignés par les professeurs et conservateurs-adjoints des collections, furent retirés des salles où ils sont normalement placés ; ils furent déposés dans les caves dites du laboratoire qui, moyennant quelques travaux, offraient un excellent abri. Ces caves servent de support à la cour couverte des laboratoires, de 23 mètres

---

(*) M. Et. Dupont avait abandonné, en novembre 1868, la direction de l'Ecole des mineurs de Saint-Etienne pour remplacer, dans la chaire de législation et d'économie industrielle, M. E. Lamé Fleury qui crut devoir résilier les fonctions de professeur, malgré les regrets unanimes manifestés par le conseil de l'Ecole dans une délibération spéciale, lorsqu'il fut appelé au poste de secrétaire du conseil général des mines.

M. Et. Dupont, qui avait antérieurement à son arrivée à l'Ecole publié un *Traité pratique de la jurisprudence des mines* (2e édition, 1862, 3 vol. in-8°), a publié en 1881, dans son *Cours de législation des mines* (1 vol. in-8°), la partie de son cours consacrée à cette matière.

(**) Gruner avait été nommé inspecteur de l'Ecole en juillet 1862 en remplacement de Sénarmont, décédé le 30 juin 1862.

(***) On disposa ainsi dans les caves : 470 tiroirs de la collection de minéralogie, avec les instruments du laboratoire de minéralogie; 70 tiroirs de la collection de géologie; 980 tiroirs et 100 grandes caisses de la collection de paléontologie; divers modèles de la collection des machines.

de long sur 17 de large. Le sol asphalté de la cour fut de plus blindé par une couche de terre de 1m,20 d'épaisseur. Toutes les fenêtres de la façade sud qui était parallèle au rempart le plus rapproché, fenêtres qui éclairent les salles de collection, furent blindées avec des sacs à terre. Les petites cours sur le boulevard Saint-Michel et la cour en avant des laboratoires furent dépavées sur une largeur de 4 mètres le long des façades sud et ouest; les pavés ainsi retirés furent disposés pour défendre les ouvertures du rez-de-chaussée.

Pour prévenir à temps les effets possibles du bombardement, on dissémina à tous les étages, sur les divers points jugés les plus exposés, 200 baquets d'un hectolitre, obtenus par le sciage de barriques vides; ils étaient maintenus constamment remplis d'eau; des seaux en zinc et des couvertures restaient placés à proximité de ces baquets. M. Rigout, préparateur de chimie, à ce titre logé à l'École, fut spécialement chargé de veiller à ce que tout ce matériel fût constamment tenu en état de servir immédiatement. Deux pompes avaient été achetées et placées à l'École, avec tous leurs accessoires.

En dehors du personnel des garçons de l'École, un poste de pompiers, composé de 2 sapeurs et 1 caporal, fut installé en permanence; on leur adjoignit un serrurier et un menuisier. Des rondes étaient faites d'une façon continue la nuit, d'heure en heure, dans toutes les parties des bâtiments; chaque ronde comprenait un pompier, le serrurier ou le menuisier, et un des garçons, délégué chacun à son tour.

Le bombardement commença le 5 janvier 1871, à 8 heures du soir et dura jusqu'au 26 à minuit, soit pendant vingt jours. Deux obus tombèrent sur l'École le 12 janvier. Le premier, venant de la direction de Châtillon, éclata en traversant les combles mansardés de la collection de paléontologie et vint tomber dans cette collection, où il brisa trois vitrines et fit deux trous au plancher (*). A ce moment la ronde de nuit circulait dans les combles supérieurs; les trois hommes qui la composaient purent, avec l'aide des baquets et couvertures, éteindre le début d'un incendie qui avait commencé par le store d'une persienne et aurait pu facilement s'étendre au reste du bâtiment. Le second obus (**) traversa à 9 heures du soir, sans éclater, le mur sud du cabinet du professeur de minéralogie; les éclats du mur brisèrent une table et la tablette en marbre de la cheminée.

M. Et. Dupont ne crut pas devoir se borner à assurer la conservation des bâtiments et des collections dont il avait la garde; il offrit, dès le 28 août, à l'autorité militaire, d'installer à l'École une ambulance militaire. Après entente avec elle (***), une ambulance de 33 lits, plus spécialement destinée aux fiévreux, fut ouverte le 2 octobre dans les cinq pièces du rez de-chaussée, sur le jardin, comprenant, en enfilade, la salle des cours, la salle du conseil et les trois pièces de la bibliothèque, le tout offrant une superficie de 197 mètres carrés. Les soins médicaux étaient assurés par le médecin de l'École des mines, le docteur Lacroix, et son adjoint, assistés

(*) Les avaries subies par le plancher sont encore visibles aujourd'hui, vers l'angle nord-ouest de la salle de collection; les débris de l'obus sont conservés dans une armoire vitrée près du point où il est tombé.

(**) Conservé dans le cabinet de l'inspecteur de l'Ecole.

(***) L'autorité militaire, qui tenait tout d'abord à ne pas disséminer ses ambulances, avait commencé par décliner ces offres. Mais au milieu de septembre, poussée par les nécessités, elle les accepta, proposant de rembourser les frais de nourriture et de médicaments si l'École fournissait la literie, le linge et le matériel. M. Et. Dupont put, en s'adressant notamment aux ingénieurs des mines en résidence à Paris et aux employés de l'École, se procurer la literie; le linge et les vêtements furent fournis, grâce à l'obligeant intermédiaire de M. l'inspecteur général de Billy, par la *Société de secours aux blessés*.

par trois sœurs pour le service de jour, et deux infirmiers militaires du Val-de-Grâce pour le service de nuit. L'ambulance resta ouverte jusqu'au 29 janvier, date à laquelle l'administration invita le directeur intérimaire à préparer la reprise des cours. Dans ces 117 jours, l'ambulance avait reçu 227 soldats malades dont 13 seulement, soit moins de 6 p. 100, succombèrent. Ce chiffre, notablement inférieur à ceux des autres ambulances parisiennes, témoigne de la bonne organisation donnée à ce service, comme se plut à le reconnaître officiellement le ministre des travaux publics ; il tient aussi aux excellentes conditions qu'offraient des salles hautes, vastes, et tenues constamment à une température moyenne de 15°, grâce au maintien en activité du calorifère, sans que le budget de l'École en fût grevé en rien, par suite d'un marché à forfait qui avait été passé avant les événements avec l'entrepreneur de chauffage.

En dehors de l'ambulance, l'École fournit au ministère de la guerre des magasins pour y déposer, en septembre, 200 quintaux de sel ; en décembre, la commission d'armement disposa de deux pièces des salles de dessin pour y installer des travaux d'ajustage exécutés sous la direction de l'armurier Claudin.

M. Et. Dupont, avec le concours de M. Moissenet, résidant à l'École comme directeur du laboratoire, s'était, en outre, mis à la disposition de l'autorité militaire qui accepta leur offre de construire une vaste poudrière (*),

(*) Cette poudrière était formée de deux chambres souterraines, en prolongement l'une de l'autre, l'une de 53 mètres et l'autre de 35 mètres de longueur, formées par des cadres en bois de charpente de 8 mètres de largeur, avec un recouvrement de terre de 2^{m},50, sur lequel, dès le commencement du bombardement et en raison de la force de pénétration des obus prussiens, on jugea prudent d'ajouter immédiatement une couche de pavés. Le tout était recouvert d'une charpente en voliges légères revêtues de carton bitumé.

dans les terrains alors vagues, provenant de l'ancienne pépinière du Luxembourg, situés en contre-bas entre les rues d'Assas et l'avenue de l'Observatoire, à l'emplacement occupé aujourd'hui par le petit lycée Louis-le-Grand. L'autorité militaire prit livraison d'une première partie de la poudrière à la fin de septembre; celle-ci lui fut remise en entier à la fin de novembre; le service de l'artillerie en fit un usage très actif. Du 9 au 21 janvier, un assez grand nombre d'obus tombèrent dans les environs immédiats de la poudrière et même directement sur elle (*), sans qu'elle en ait souffert. Le 24 mai, les fédérés, avant de quitter le quartier du Luxembourg, voulurent faire sauter la poudrière en plaçant des barils de poudre entre son recouvrement en terre et pavés et sa couverture en charpente, et en essayant de mettre le feu aux bois d'étançonnage de la galerie tournante qui servait d'accès. Une violente explosion, qui brisa, entre onze heures et midi, les vitrages et même les fenêtres et les portes intérieures du quartier dans une zone assez étendue, avait fait croire qu'ils avaient réussi; il n'en était rien fort heureusement, pour l'École en particulier; toutes les caisses de munitions laissées dans la poudrière y furent retrouvées intactes, et l'on put sans peine pénétrer dans l'intérieur de la poudrière pour les enlever, au début de juin (**).

(*) On a pensé que les Prussiens avaient eu connaissance de l'établissement de cette poudrière et que de là venait l'abondance des obus tombés dans le voisinage et dont l'École avait failli particulièrement souffrir, nonobstant les deux drapeaux de la croix rouge qui flottaient à ses paratonnerres à raison de l'ambulance qu'elle abritait.

(**) M. Maxime du Camp (*Convulsions de Paris*, t. I, p. 205) a mentionné, incidemment il est vrai, que la poudrière du Luxembourg avait sauté. M. Et. Dupont y pénétra le 6 juin avec les généraux de Berckeim et de Rivière. Il a pu constater les faits que nous rappelons d'après les notes qu'il a bien voulu nous communiquer.

Les élèves qui formaient l'effectif de l'École au moment de la guerre avaient dû aller remplir leurs devoirs militaires sans se préoccuper des obligations scolaires qui pouvaient leur rester. Plusieurs le firent avec éclat. Deux furent décorés au siège de Paris : MM. Amalric, externe de 3e année, comme capitaine de la mobile du Tarn; Pélissier, externe de 2e année, comme lieutenant à l'artillerie de la garde mobile de la Seine. Deux furent tués à l'ennemi : Coste, sujet très distingué, élève externe de 3e année, sergent aux éclaireurs de l'armée du Nord, tué à la bataille d'Amiens; Laval, élève libre des cours préparatoires, tué à la bataille du Mans. Rigaud, élève externe de 2e année, lieutenant à la mobile de Maine-et-Loire, fut blessé d'un coup de feu le 4 décembre 1870, à Cercottes, amputé de la jambe gauche, et succomba, le 24 décembre, à Orléans. Andrieux, major des élèves externes de 2e année, mourut de la fièvre typhoïde à Belfort. Dunand, externe de 3e année, eut l'humérus fracturé d'un coup de feu à la bataille de Saint-Quentin. Une plaque de marbre a été posée à la bibliothèque de l'École en mémoire de Coste, Rigaud et Andrieux, au milieu du noble obituaire qu'une pieuse tradition y a créé pour les ingénieurs du corps des mines morts dans l'exercice de leurs fonctions (*).

(*) Figurent dans cet obituaire par ordre de date :

Malinvaud, entré à l'École des mines en 1828, mort des suites de blessures reçues dans les mines en 1837;

Hulot d'Osery, entré à l'École en 1839, tué au cours d'une mission scientifique dans l'Amérique du Sud en 1846;

Famin, entré à l'École en 1859, tué dans une descente par un puits au cours d'une visite de mine en 1863;

Choulette, entré à l'École en 1865, mortellement blessé au siège de Belfort en juillet 1871;

Roche, entré à l'École en 1874, massacré avec la mission Flatters en avril 1881;

Bonnefoy, entré à l'École en 1875, tué par un coup de grisou aux mines de Champagnac le 28 mai 1881.

Dès la conclusion de l'armistice, le 28 janvier 1871, le ministre invita le directeur intérimaire à prendre les dispositions nécessaires pour commencer immédiatement les cours et exercices. Il fallait, d'une part, assurer la continuation de l'enseignement des élèves de 2e et de 3e années, pour lesquels les cours auraient dû reprendre en novembre 1870, et, d'autre part, opérer le recrutement des élèves de 1re année dont les examens auraient dû avoir lieu à la même date.

Le 4 février 1871, le conseil de l'École se réunit pour délibérer sur les mesures à prendre dans ce double but. Assistaient à cette séance : l'inspecteur général de Billy, président, en l'absence du directeur, M. Combes; les inspecteurs généraux Élie de Beaumont, Gruner, Callon; les ingénieurs Bayle et Moissenet, et M. Dupont, inspecteur de l'École, directeur intérimaire, secrétaire.

Le conseil décida que les lecons reprendraient le 15 mars et se termineraient : le 15 juillet pour les cours spéciaux; le 15 août pour les cours préparatoires.

Tous les élèves sortant des cours préparatoires et ceux provenant de l'École polytechnique devaient être admis d'emblée en 1re année, sous réserve de ne faire participer aux exercices du laboratoire que ceux justifiant de connaissances suffisantes en chimie.

Pour les autres candidats, les examens furent fixés et eurent lieu le 13 mars, tous les candidats retenus sous les drapeaux étant dispensés de l'examen préalable.

Comme le conseil prévoyait que beaucoup d'élèves retenus en province ne pourraient pas rejoindre l'École le 15 mars, il fut entendu que les élèves présents dès le début devraient aider leurs camarades retardataires par la communication de leurs notes et leur faire au besoin des conférences.

Le 15 mars les cours reprirent effectivement avec :

11	élèves ingénieurs présents sur	. . . .	13
37	— externes —	. . . .	60
15	— des cours préparatoires	. . . .	17
63	élèves présents sur	. . . .	90

sans compter 7 élèves étrangers présents.

Dans ces conditions d'effectif, les études auraient pu suivre régulièrement leur cours, bien que les exercices du laboratoire ne pussent encore avoir lieu faute de combustible. Mais le 18 mars était arrivé. Le conseil de l'École convoqué d'urgence le 22 reconnaissait qu'en présence des événements survenus dans Paris il convenait de suspendre les cours et de renvoyer les élèves dans leurs familles. Le lendemain 23 les cours furent effectivement suspendus, et le 24 une décision ministérielle régularisait cette situation. Lorsque le 29 mars la Commune constituée fit afficher sur les édifices publics, et notamment à l'École des mines, son arrêté ordonnant, sous peine de révocation, à tous les employés des services publics de considérer comme nuls et non avenus les ordres ou communications du gouvernement de Versailles et de ses adhérents, Combes et M. Dupont se rendirent à Versailles prendre les instructions de M. de Larcy, ministre des travaux publics. Conformément à ces instructions, M. Rigout, préparateur de chimie, Audebez, secrétaire-régisseur, et Launay, garde-magasin, tous trois logés à l'École à raison de leurs fonctions, furent invités à y rester et à agir pour le mieux, ce qu'ils firent avec beaucoup de courage et d'intelligence.

De l'École des mines comme établissement d'instruction ou même comme musée, la Commune ne paraît pas s'être préoccupée. Mais le sinistre docteur Parisel, le membre de la Commune, président de la délégation scientifique (*), prit possession du laboratoire pour y établir

(*) On peut lire sur le Dr Parisel, l'incendiaire, et son rôle dans

un de ses ateliers de fabrication des nouveaux produits révolutionnaires. Parisel était venu le 24 avril visiter minutieusement tous les locaux de l'École; il avait manifesté l'intention d'y établir les bureaux et le personnel de son service qui devait notamment occuper les appartements du directeur et de l'inspecteur; les membres de la délégation y renoncèrent pour s'installer au ministère du commerce, rue de Varennes; ils occupèrent seulement le laboratoire et le bureau du secrétaire-régisseur. Parisel s'occupa notamment, à l'École, de faire préparer de l'acide prussique (*) avec tous les cyanures qu'il put trouver dans le magasin et ceux qu'il avait réquisitionnés, et de faire fabriquer des sulfures de phosphore (**), avec l'aide d'un agent, Alexandre Décot, ancien employé de la maison Fontaine, qu'il avait trouvé moyen de faire travailler à cette besogne. Parisel avait remis au régisseur de l'École l'ordre écrit d'installer Décot et sa famille dans l'appartement de l'École qui lui conviendrait. Il ne paraît pas qu'il ait été fait grand usage des pro-

---

la commune, le chapitre IV, tome IV, des *Convulsions de Paris*, de M. Maxime du Camp.

(*) Cet acide prussique était vraisemblablement destiné aux fameuses bagues de Parisel et Assi, avec poire-réservoir en caoutchouc, et épingle creuse en or, la dent du serpent à sonnette, dont a parlé M. Maxime du Camp (*loc. cit.*, p. 227-228).

(**) M. Maxime du Camp (*loc. cit.*, p. 223 et 224) a pensé que le produit révolutionnaire fabriqué dans le laboratoire de l'École était ou du sulfure de carbone ou une dissolution de phosphore dans le sulfure de carbone, c'est-à-dire l'ancien feu grégeois. Il est absolument certain, par le témoignage de tous ceux qui ont vu le produit, que c'était bien du sulfure de phosphore, obtenu en mélangeant poids pour poids du soufre en poudre dans du phosphore fondu. Le produit, qui forme une matière gommeuse et gluante, s'enflamme très aisément par le frottement et dégage abondamment des vapeurs asphyxiantes d'acide sulfureux. A quoi ce produit, d'un maniement si dangereux, pouvait-il être destiné? On a lieu de croire qu'on voulait essayer d'en garnir des obus.

duits de Parisel : 130 kilogrammes en furent laissés à l'École et remis au début de juin au service de l'artillerie qui voulut bien les faire enlever. Alexandre Décot, le triste ouvrier de cette fabrication, en fut la victime; il fut atrocement brûlé en y travaillant et perdit la vue. Si le laboratoire et l'École n'ont pas été incendiés, on le doit en partie à la vigilance active de M. Rigout.

Le sinistre docteur Parisel, trop occupé par ailleurs à ses exécrables machinations, n'exerçait qu'une haute surveillance sur les travaux faits à l'École; il n'y venait qu'à intervalles assez éloignés. La surveillance quotidienne incombait à un de ses principaux agents, carrossier de son état. Il faut rendre justice à tout le monde. Celui-ci avait pris des mesures rigoureuses pour que les collections de l'École fussent respectées.

L'insurrection écrasée, l'École pouvait reprendre son fonctionnement. Ce ne fut toutefois que le 10 juin 1871 que le conseil put se réunir à nouveau. Il décida que les cours reprendraient — ainsi que cela eut lieu — le 19 juin, et se termineraient le 28 octobre, sauf à renvoyer à l'année suivante les leçons de topographie et les exercices de lever de plans. Les examens eurent lieu en novembre, de sorte que l'année scolaire suivante dut être retardée d'un mois et ne put commencer que le 4 décembre 1872.

Ces dispositions, assez rudes peut-être pour les élèves et les professeurs, puisqu'elles supprimaient les vacances entre deux exercices scolaires consécutifs, avaient pour les élèves cet avantage, extrêmement important, de ne pas leur faire perdre un exercice, et de ne pas accroître leur temps total de séjour à l'École pour leurs études professionnelles.

Ainsi retardée à son ouverture, l'année scolaire 1872-1873 dut être également un peu raccourcie; elle ne comprenait que vingt et une semaines, soit une de plus que l'année scolaire 1871-1872, mais quatre de moins que les années ordinaires. Ce ne fut qu'à partir de l'année scolaire 1873-1874 que reprit réellement et complètement le régime normal et régulier.

Bien que la période d'enseignement de l'année 1871 n'eût été que de vingt semaines au lieu de vingt-cinq, les résultats des examens pour les élèves de 2e et de 3e année furent supérieurs à ceux de l'annee précédente. La promotion de 1re année fut peut-être un peu plus faible, dans son ensemble, surtout en minéralogie, science où la pratique joue un si grand rôle ; mais il y a lieu de remarquer qu'il ne s'y trouvait pas d'élèves externes provenant de l'École polytechnique.

En même temps qu'avec l'année 1872 l'École allait reprendre sa vie normale, d'assez nombreuses modifications avaient lieu dans son personnel. Combes, atteint par la limite d'âge, devait quitter la direction le 1er janvier 1872; ses jours étaient du reste comptés; il succombait le 10 janvier 1872. Il fut remplacé le 10 juin 1872 par M. Daubrée, et M. Dupont continua entre temps cet intérim de directeur dont il s'était acquitté avec tant de zèle et de dévouement pendant la période critique de 1870-1871.

M. Mallard (*) succédait à M. Daubrée dans la chaire de minéralogie qu'il occupe encore; Lan (**) succédait

(*) M. Mallard qui, suivant une tradition assez fréquente, avait passé de l'École de Saint-Étienne à celle de Paris, a publié en deux volumes, dans son *Cours de cristallographie*, la partie de ses leçons consacrées à ce sujet.

(**) Lan, né le 28 février 1826, est mort inspecteur général le 2 mai 1885, occupant à ce moment les fonctions de professeur de métallurgie et de directeur de l'École. Dès sa sortie de l'École des mines, Lan avait, en 1851, remplacé Gruner dans l'enseignement de la métallurgie à l'École de Saint-Étienne, où il resta douze ans. A la suite de sa publication, en 1861, en collaboration avec Gruner, du volume resté classique sur l'*État présent de la métallurgie du fer en Angleterre*, Lan quitta le service de l'État

dans sa chaire de métallurgie, à Gruner, appelé à la présidence du conseil général des mines; M. Haton de la Goupillière (*) commença cette suppléance de Callon, dont il devait rester chargé jusqu'à ce qu'il lui succéda définitivement, en 1875, à la mort de celui-ci; enfin M. Carnot commença lui aussi la suppléance de M. Moissenet, auquel sa santé ne permettait pas de continuer l'enseignement qu'il devait définitivement quitter en 1877; celui-ci fut alors remplacé comme titulaire par son suppléant.

Au reste, dans une période relativement courte, le professorat presque tout entier allait se trouver renouvelé : à la mort de Élie de Beaumont, en 1875, de Chancourtois devenait titulaire à sa place; en 1877, Couche se faisait suppléer par M. Résal, qui lui succédait en 1879 pour une partie du cours dédoublé à cette date en deux cours distincts; dans cette même année, Delesse résignait ses fonctions, et son cours complètement transformé et avec une autre dénomination allait passer à M. Fuchs.

Dès que l'École eut repris sa marche régulière, le recrutement des élèves externes, qui continuait à se faire sous le régime de 1861, présenta deux circonstances de sens opposé qui ne pouvaient échapper à la sollicitude du conseil. Dans les premières années qui suivirent l'année néfaste, le nombre des candidats aux places d'externes diminua d'une façon telle que le conseil proposa, et l'administration décida de revenir sur les mesures prises autrefois pour écarter les candidats qui avaient échoué une fois aux examens. Cette pénurie de candidats provenait de l'accroissement subit des admissions à l'École polytechnique et à l'École de Saint-Cyr.

---

pour s'occuper d'affaires industrielles. Il s'y est fait une très grande réputation par ses rares qualités techniques et administratives.

(*) M. Haton de la Goupillière a publié séparément, chacun en deux volumes in-8°, les deux cours par lui professés à l'École.

Mais bientôt les choses changèrent en sens inverse. Les élèves sortant de l'École polytechnique, sans entrer dans les services publics, se portèrent de plus en plus nombreux vers l'École des mines. Dès 1876, 16 d'entre eux étaient venus concourir pour les places d'élèves externes de première année rendant ainsi la lutte très difficile pour les élèves des cours préparatoires. Sans atteindre un pareil chiffre dans les années postérieures, le nombre des élèves démissionnaires de l'École polytechnique resta assez grand pour déterminer le conseil à proposer et l'administration à adopter un régime qui fit une part plus équitable aux uns et aux autres : de là le système adopté finalement en 1883 et dont nous avons déjà fait connaître les traits essentiels (p. 199).

Dans le nouveau système, on a fait disparaître les examens d'admissibilité et aussi la traditionnelle clause de faveur pour les fils d'exploitants de mines et de directeurs d'usines, qui, depuis 1816, faisait partie des statuts de l'École (*).

Le programme des cours de l'année préparatoire fut d'ailleurs peu après remanié de manière à ce que l'enseignement fût mieux approprié à sa destination (**).

(*) Nous ne nous dissimulons pas les difficultés de la défense de cette clause à notre époque démocratique et égalitaire; on invoquera peut-être aussi son inutilité dans un temps où l'industrie se fait essentiellement par sociétés anonymes. Malgré toutes ces objections, nous inclinons à croire que la clause avait et aurait encore éventuellement son utilité. Les inconvénients inhérents à l'anonymat ne donnent que plus d'intérêt aux entreprises qui ont gardé la forme patrimoniale ou quasiment patrimoniale.

(**) Ces modifications, qui ne sont devenues effectives qu'en 1887-1888, ont consisté principalement à augmenter l'étude de la mécanique et de la physique en restreignant, dans la limite du possible, les développements donnés à la géométrie descriptive théorique.

Dès après la guerre, une autre innovation, discutable du reste, avait été introduite dans les programmes d'admission. A la

Ces modifications se lièrent du reste avec les modifications plus profondes de l'enseignement même de l'École que le changement dans le personnel et diverses circonstances amenèrent à introduire successivement.

A raison tout d'abord des obligations militaires qui allaient désormais incomber aux ingénieurs de l'État, les élèves de l'École des mines furent astreints, dès 1873, à suivre un cours de fortifications qui venait d'être à cet effet institué à l'École des ponts et chaussées.

Lorsqu'en 1873, Delesse résigna ses fonctions de professeur, le conseil pensa avec raison que l'on pouvait avantageusement réduire les leçons d'agriculture, de drainage et d'irrigations, et qu'il serait préférable, à l'imitation de ce qui se faisait dans les écoles allemandes, de laisser le côté pratique de l'agriculture, auquel quelques leçons ne suffisent pas, pour ne retenir que le côté plus théorique des relations du sol et des eaux avec la géologie : de là l'idée de ce cours nouveau, appelé d'abord géologie technique, puis géologie appliquée, où, en dehors de ces notions, pouvait être donnée la description méthodique des gîtes minéraux avec plus de développement et partant d'utilité que l'on ne pouvait le faire dans les cours de géologie générale ou d'exploitation des mines. L'idée était excellente et ne pouvait aller qu'en se développant pour autant qu'on pût trouver la place matérielle du nouvel enseignement.

D'autre part, en 1879, à la mort de Couche, le cours de construction et chemins de fer fut scindé avec raison en deux cours distincts. La part, de plus en plus grande, que les ingénieurs de l'État et les élèves externes

---

suite d'un vœu émis, en 1872, par une commission spéciale du ministère de l'instruction publique, les candidats aux places d'élèves externes des cours spéciaux durent, à partir de 1872, être interrogés sur la géographie et la cosmographie. Pourquoi pas aussi sur toutes les matières des deux baccalauréats?

prenaient à l'exploitation des chemins de fer, non moins que les développements nouveaux de cette branche des sciences appliquées exigeait, en effet, que le cours des chemins de fer prît plus d'ampleur qu'il n'en avait eu auparavant.

Enfin, au début de 1885, l'administration supérieure prenait l'initiative de scinder le cours d'économie industrielle et de législation (*) en deux cours distincts, par la création d'une chaire distincte d'économie industrielle comme il en existait une depuis fort longtemps à l'École des ponts et chaussées.

Toutes ces modifications partielles rendaient absolument indispensable de reprendre, dans son ensemble, l'enseignement de l'École afin d'en coordonner les diverses parties, de donner à chacune le développement que les circonstances exigeaient, en réduisant au minimum non pas seulement la tâche de chaque professeur, mais surtout la fatigue des élèves. Le conseil aborda immédiatement cette grave et délicate étude dont les résultats, sanctionnés sans modification par l'administration supérieure, purent être appliqués dès le début de l'année scolaire 1887-1888. La conclusion de cette importante étude fut quelque peu retardée par les malheurs qui frappèrent successivement à ce moment la direction de l'École (**).

(*) Cette chaire était alors occupée par M. L. Aguillon, qui avait succédé en 1882 à M. Et. Dupont, que la fatale loi sur la retraite était venu enlever, dans toute sa vigueur, à l'enseignement et à l'administration de l'Ecole à laquelle il avait pris, si heureusement pour elle, une part prépondérante dans les douze années de son inspectorat.

M. L. Aguillon a publié, en 1886, dans sa *Législation des mines française et étrangère* (3 vol. in-8°), la partie de son cours consacrée à l'étude de cette matière.

M. Cheysson fut appelé à occuper la chaire d'économie industrielle dès sa création.

(**) L'Ecole perdit presque coup sur coup deux directeurs.

Dans la refonte complète de l'enseignement opérée en 1887, le conseil a réalisé plusieurs des *desiderata* qui avaient été signalés dès 1848 par la commission spéciale, mais furent alors plus ou moins complètement écartés.

Ainsi, en créant un cours de chimie industrielle (*), on a donné satisfaction au projet de cette commission de développer le traitement des substances minérales autres que les substances métalliques ; en un mot on a repris, en les mettant au niveau de la science et de l'industrie modernes, mais en restant fidèle aux plus anciennes traditions de l'École, ces parties de l'enseignement qui justifiaient le nom antique de minéralurgie donné au cours auquel s'était substitué, et assez rationnellement dans l'appellation il faut le reconnaître vu son programme, le cours de métallurgie. La création du cours de chimie industrielle permettait d'alléger quelque peu le cours de docimasie que l'on aurait certainement pu réduire encore, ainsi que le demandait la commission spéciale de 1848, si l'on n'avait considéré que sa destination pratique; mais il a paru qu'il convenait, dans une École comme celle de

---

M. Daubrée, atteint par la limite d'âge, s'était retiré en août 1884 et l'administration, voulant reconnaître les services rendus par lui à l'Ecole pendant les douze ans de sa direction, lui conféra, par une mesure qui n'a été prise qu'en sa faveur et dont la portée n'en est ainsi que plus grande, le titre de directeur honoraire. Lan, qui lui avait succédé comme directeur, en se faisant suppléer dans sa chaire de métallurgie par M. Lodin, depuis titulaire, succombait le 2 mai 1885. Luuyt, appelé à succéder à Lan, mourait à son tour le 23 novembre 1887; Luuyt, qui a été le seul directeur n'ayant pas passé par le professorat, aura eu l'honneur et le mérite de mener à bien la réforme de 1887.

(*) La chaire de *chimie industrielle* a été créée par décret du 3 octobre 1887 et confiée à M. H. Le Chatelier.

C'est par un arrêté ministériel à la même date qu'ont été sanctionnées toutes les autres réformes de l'enseignement, cet arrêté étant complété par celui du 16 mars 1888 pour les détails d'application d'ordre intérieur.

Paris, de maintenir dans ce cours, suivant aussi les traditions du passé, des développements plus théoriques que susceptibles d'une application immédiate à l'industrie ; ce cours de docimasie pourrait être qualifié cours de chimie analytique minérale ; et il est certain qu'à ce point de vue, ce cours forme, par la nature des matières qui y sont traitées, un enseignement spécial caractéristique de l'École des mines de Paris. Suivant un vœu que le conseil avait émis dès 1872, le professeur de chimie industrielle doit consacrer quelques leçons aux explosifs. Le nombre et la complexité de ceux actuellement mis à la disposition des exploitants et l'importance de leur choix rendent de pareilles connaissances indispensables aujourd'hui aux ingénieurs et exploitants de mines.

Une autre idée de la commission spéciale de 1848, et une de celles sur lesquelles elle avait le plus vivement insisté, a été également réalisée par la création, sous le titre peut-être un peu modeste de conférences, de leçons sur les ateliers de constructions mécaniques ; c'est là, en réalité, ce cours de constructions mécaniques fait à un point de vue essentiellement pratique, que réclamait, à juste titre, cette commission. Le cours de machines et celui de construction ont pu être ainsi respectivement réservés plus spécialement aux développements théoriques qu'ils nécessitent.

A ces deux nouveaux cours sont venues s'ajouter quelques leçons sur les applications de l'électricité ; on ne pouvait pas en entrevoir la nécessité en 1848 ni même en 1856. Ce n'est pourtant là encore que l'embryon d'un cours ou d'une partie de cours qui s'imposera un jour, les machines électriques devant nécessairement prendre leur place dans un cours de mécanique appliquée, entre les machines hydrauliques et les machines thermiques.

Dans le groupe des cours relatifs aux sciences naturelles, les matières ont été réparties dans les quatre branches : minéralogie, paléontologie, géologie générale et géologie appliquée, en évitant toute répétition inutile et en donnant à chaque branche des développements qui font du tout un ensemble homogène et concordant que bien peu d'écoles étrangères pourraient présenter. La géologie générale qui se trouve logiquement reportée en deuxième année et qui, suffisamment condensée dans ses principes généraux, peut s'enseigner dans une année, se trouve d'ailleurs complétée par des conférences ou mieux des leçons annexes de pétrographie (*). La paléontologie (**), plus développée qu'autrefois, constitue non plus des conférences, plus ou moins variables d'une année à l'autre, mais un véritable corps de doctrine donnant les éléments primordiaux de cette science. Le cours se trouve complété par des conférences ou leçons annexes de paléontologie végétale (***). Le cours de géologie appliquée, à la suite d'une troisième transformation, a pris, sous le vrai nom qui lui revient, la place et le rôle qui lui sont dus ; l'agriculture a presque totalement disparu, laissant toutefois sa trace dans les notions sur les cartes agricoles et les natures de sols ; dans ce cours remanié ont été enfin

(*) Ces leçons, au nombre de dix, constituent un cours de pétrographie qui se complète par les indications données sur les caractères des minéraux dans le cours de minéralogie ; elles sont faites au début de la deuxième année par le professeur de géologie.

(**) M. Bayle, qui avait fondé en 1844 à l'Ecole l'enseignement de la paléontologie, s'est retiré en 1881, atteint par la limite d'âge, ayant ainsi passé sa carrière entière à l'Ecole. Il a été remplacé par M. Douvillé, qui lui avait été adjoint en remplacement de Bayan, mort si prématurément en 1874 à l'âge de vingt-huit ans.

(***) Les conférences de paléontologie végétale ont été inaugurées à l'Ecole en 1878 par M. Zeiller, qui en est encore aujourd'hui chargé ; le nombre des leçons de cet enseignement très suivi a été successivement porté de deux à huit.

naturellement placées les leçons sur les eaux minérales qui, depuis 1856, auraient dû être données à l'École.

Malgré le développement relativement considérable pris par le groupe des sciences naturelles, on n'a pas perdu de vue l'observation déjà faite en 1848 que l'École est destinée à former des ingénieurs plus que des naturalistes. Néanmoins l'enseignement des sciences naturelles est assez complet (*) pour préparer convenablement ceux des élèves qui doivent plus spécialement se vouer aux études géologiques proprement dites, et notamment à la préparation des cartes géologiques. L'enseignement des sciences géotechniques, surtout dans son organisation actuelle, constitue un trait caractéristique de l'École des mines de Paris. Ce qui montre que le but poursuivi a été bien atteint, c'est l'empressement avec lequel le public continue à suivre les principaux de ces cours auxquels, suivant la tradition remontant à leur création, il est toujours admis.

Les autres cours ont reçu les justes développements qu'ils réclamaient pour assurer une complète préparation pratique des élèves, notamment ceux de chemins de fer et de législation (**).

Enfin le cours de fortifications qu'il fallait aller suivre à l'École des ponts et chaussées, non sans perte de temps et inconvénients divers pour la discipline intérieure, a été transformé en un cours d'artillerie, fait à l'École même ; celui-ci y est d'autant mieux à sa place que les ingénieurs des mines sont appelés à servir dans l'artillerie, et non dans le génie.

(*) En dehors des leçons orales à programme suivi, les élèves sont exercés dans des conférences ou exercices pratiques à la détermination des minéraux et des roches et au maniement des appareils, chalumeaux, microscopes, etc.

(**) Chacun de ces cours ayant été porté à quarante-deux leçons a donc à peu près doublé d'importance.

Le développement donné à l'enseignement en 1887 a été obtenu sans augmenter la durée de l'exercice scolaire (*), ni faire en principe plus de deux leçons par jour, mais uniquement par une meilleure répartition des matières, et surtout en utilisant mieux que par le passé la troisième année (**), en la dégageant notamment du temps qui était consacré, avec une médiocre utilité, à la rédaction des journaux et mémoires de voyage. Pour qu'un élève de seconde année tire le meilleur parti possible de son voyage au point de vue de son instruction professionnelle, il faut que son journal soit rédigé au jour le jour (***); et par suite il peut et doit être remis dès la rentrée à l'École (****). En troisième année,

---

(*) L'article 17 de l'ordonnance du 5 décembre 1816 avait fixé la durée des cours du 15 novembre au 15 avril, soit à une période de vingt et une semaines, permettant, à raison de deux leçons par semaine, de faire, par matière, des cours de quarante à quarante-deux leçons par année, d'une heure et demie en moyenne. Cette scolarité fut portée pendant un certain temps à vingt-cinq semaines. On est revenu aujourd'hui à une durée de vingt-deux semaines.

Le décret de 1856 n'avait pas fixé la date de l'ouverture annuelle des cours. En 1869 (décision ministérielle du 19 novembre), la date jusqu'alors classique du 15 novembre fut avancée d'une huitaine d'abord, puis portée au début de novembre; les cours se terminent vers le 10 avril.

(**) La preuve que, dans l'organisation antérieure, les élèves de troisième année étaient insuffisamment occupés est dans ce fait qu'à diverses reprises des élèves externes ont demandé et obtenu de faire en même temps leur deuxième et leur troisième année, et ceux qui ont été autorisés à le faire sont toujours sortis dans la tête de leur promotion.

(***) Pendant fort longtemps, pour atteindre plus sûrement ce but, le conseil astreignait jadis les élèves à lui envoyer leur journal de voyage successivement, par parties, au cours même du voyage; cet envoi devait être fait de lieux indiqués par avance. En outre, les élèves étaient tenus à écrire assez fréquemment au conseil pendant la durée de leur absence.

(****) Les élèves ingénieurs de deuxième année, qui seuls du reste y étaient astreints, ont été débarrassés de la rédaction des deux mémoires qu'ils avaient à fournir, en dehors de leur journal de

en dehors de l'enseignement oral, l'exercice pratique essentiel consiste dans l'exécution des grands projets de concours, exercice capital qui, par les soins et le développement qu'on lui donne, forme un des éléments caractéristiques de l'enseignement de l'École (*).

On a pensé néanmoins qu'on pouvait, sans surcharger les élèves, et pour leur plus grand intérêt, les astreindre désormais à rester à l'École jusqu'à 5 heures du soir, au lieu de la limite jusqu'alors classique de 4 heures.

Le nouveau plan d'enseignement put être appliqué dès le début de l'année scolaire 1887-1888. Toutefois son

---

voyage; ce qui absorbait sans utilité sérieuse une partie du temps disponible de leur troisième année.

Les deux mémoires, véritables thèses qui couronnent l'enseignement, n'ont été maintenus que pour les élèves ingénieurs de troisième année; débarrassés de toute autre obligation scolaire, ils peuvent utilement y consacrer un temps entièrement disponible avant que l'École ne les remette à la disposition de l'administration.

L'association des anciens élèves de l'Ecole des mines a, en 1872, créé un prix de 300 francs qui est attribué au meilleur journal rédigé par les élèves externes à la suite de leur voyage de deuxième année. Le désir fort légitime de conquérir ce prix n'avait pas laissé de lancer les élèves externes dans une voie de développement de leur rédaction et de retard dans la remise du journal, qui aurait fini par nuire au travail normal de leur troisième année.

(*) Le programme est donné à la fin de la deuxième année pour que les élèves dans leur voyage puissent aller étudier sur place les installations de nature à leur fournir d'utiles exemples. Les élèves n'arriveraient pas à tirer tout le parti désirable de ces exercices sans une intervention attentive et constante du chef des travaux graphiques, des professeurs et de l'administration. Les traditions sont aujourd'hui bien établies. M. Et. Dupont a particulièrement contribué à les développer, comme le conseil s'est plu à le reconnaître dans une délibération prise au moment où M. Et. Dupont a quitté l'Ecole.

Depuis la séparation des cours d'exploitation des mines et de machines, il y a en réalité trois concours au lieu de deux; les élèves doivent établir, comme concours spécial de machines, le projet d'une machine rentrant dans le projet de mines ou de métallurgie.

application devait être améliorée, dès l'année suivante, par la séparation, en vertu d'un décret du 3 octobre 1888, du cours d'exploitation des mines et machines (*) en deux cours distincts, confiés à des professeurs différents (**). Antérieurement, avec le système obligatoire de l'alternance, l'exploitation des mines était faite tantôt en première année, et tantôt en deuxième. Actuellement, l'exploitation des mines, y compris son annexe, la préparation mécanique comprenant en tout 47 leçons, sera toujours enseignée en première année, de façon que dès leur voyage de première année (***) les élèves puissent visiter en détail et utilement des exploitations de mines.

Le conseil et l'administration peuvent croire qu'ils ont atteint le but qu'ils se proposaient dans cette réforme, à

(*) M. Haton de la Goupillière, qui professait ce double enseignement, en fait depuis 1872, et comme titulaire depuis 1875, crut devoir résigner ses fonctions après qu'il eut été chargé de la direction de l'Ecole en remplacement de M. Luuyt, décédé.

(**) Le nombre des professeurs n'a pas été accru pour cela, parce que le même professeur, aujourd'hui M. Sauvage, est chargé du cours de machines et des leçons d'ateliers de constructions mécaniques. Ces leçons, en effet, complètent au point de vue de la pratique encore plus peut-être le cours de machines que celui de construction.

M. Ch. Ledoux a remplacé M. Haton dans la chaire d'exploitation des mines.

(***) Actuellement le voyage ou mieux le stage de première année, d'une durée de trois semaines, doit se faire : en France et sous la direction des ingénieurs en chef des arrondissements minéralogiques pour les élèves ingénieurs, en France ou dans un pays de langue française pour les élèves externes.

Les élèves externes de deuxième année doivent voyager un mois en France ou dans un pays de langue française, le reste du temps dans un pays de leur choix.

Les élèves ingénieurs de deuxième année ne sont pas tenus, comme en première année, de faire un stage en France sous la direction des ingénieurs en chef; mais leur voyage doit avoir lieu en France ou dans un pays de langue française.

Le voyage des élèves ingénieurs de troisième année doit avoir lieu à l'étranger, sauf autorisation spéciale en cas contraire.

en juger par le nombre toujours croissant d'élèves, français et étrangers, qui viennent demander leur admission à l'École. Toutes les bonnes volontés viennent se briser contre un obstacle dirimant : le nombre de 32 places qu'offrent les laboratoires actuels. Un roulement plus intelligemment combiné, dans chaque année, entre les périodes alternantes de laboratoire et de dessin, a permis d'augmenter l'effectif (*), tout en laissant chaque élève passer au laboratoire un temps suffisant pour qu'il ait appris tout ce qui peut s'acquérir en ces matières dans une école d'application. Actuellement, les élèves ingénieurs passent au laboratoire trois mois et demi la première année (**), deux mois et demi la seconde et un mois la troisième (***). Les élèves externes y restent un mois à la suite de leur année préparatoire (****), deux mois et demi dans chacune des première et seconde années et un mois en troisième année. Les élèves ingénieurs et externes passent donc, les uns et les autres, sept mois au laboratoire dans le cours de leur scolarité (*****) ; ce stage relativement considérable est encore une des particularités de l'enseignement de l'École.

(*) L'effectif des élèves des cours spéciaux présents à l'Ecole s'est élevé jusqu'à cent un, dont dix-sept élèves étrangers, et celui des élèves des cours préparatoires à quarante-huit, dont dix élèves étrangers, non compris dans l'une et l'autre catégorie les élèves libres, ou auditeurs libres, comme on les appelle aujourd'hui.

(**) Dont un mois dans les exercices d'été après les examens.

(***) Pendant longtemps, on ne revenait pas normalement au laboratoire en troisième année.

(****) Les élèves des cours préparatoires viennent au laboratoire à la fin de l'année pendant la période d'examen des élèves des cours spéciaux (V. sur cette mesure, p. 176, note 1).

(*****) Il n'y a réellement parité que pour les élèves externes, d'ailleurs les plus nombreux, qui ont passé par les cours préparatoires. Ceux provenant de l'Ecole polytechnique ont un mois de moins de laboratoire ; mais ils ont en plus de ceux-là l'enseignement plus complet et les manipulations de l'Ecole polytechnique.

Si on l'examine dans son ensemble, l'enseignement de l'École est resté fidèle au système si bien vu dès l'origine : un enseignement oral, de portée élevée, de durée relativement courte, parce qu'il est très condensé, s'occupant des principes des choses plus qu'il ne descend dans les détails que la pratique directe apprend ensuite mieux et plus vite ; des exercices divers développés, caractérisés principalement d'une part par un travail prolongé au laboratoire, et d'autre part par des voyages de longue durée, le tout couronné par l'exécution de projets complets, étudiés dans le détail, comme s'ils devaient être exécutés ; dans tous ces exercices les élèves relativement libres sont guidés plus que surveillés.

En provoquant la réorganisation dont nous venons d'indiquer la portée et les traits essentiels, le conseil s'est moins préoccupé de montrer que l'Ecole de Paris méritait la nouvelle appellation officielle d'*École supérieure des mines*, qu'elle a reçue en 1883 (*), que de continuer à maintenir intact le dépôt des traditions ; il a voulu que, comme par le passé, l'École assurât à tous ses élèves, dans les situations différentes qu'ils peuvent être appelés à occuper, un enseignement et une préparation qui, non seulement fussent à la hauteur des progrès des sciences et de l'industrie contemporaines, mais encore leur permissent de contribuer puissamment plus tard, par eux-mêmes, à ces progrès dans toutes les branches des sciences et de l'industrie qui se rattachent à l'extraction et au traitement immédiat des substances minérales. Le Conseil de l'École et l'administration ont d'ailleurs tenu

(*) Ce changement de dénomination a fait l'objet d'une décision ministérielle du 13 février 1883, intervenue à la suite de la réorganisation faite dans l'Ecole de Saint-Etienne par le décret du 30 novembre 1882. Cette Ecole a quitté, en vertu de ce décret, son antique nom d'*Ecole des mineurs* pour prendre celui d'*Ecole des mines*.

à rester dans ces spécialités qui expliquent et justifient l'existence des écoles de mines; ils n'ont pas cédé à la tentation, en étendant par ailleurs les programmes, de paraître tout enseigner au risque de ne rien apprendre aux élèves.

ANNEXES

I

TABLEAUX CHRONOLOGIQUES.

§ 1. — Administration et direction de l'École.

(Les chiffres entre parenthèses à la suite de chaque nom indiquent les dates de la naissance et de la mort.)

DIRECTEURS		INSPECTEURS		OBSERVATIONS
Temps de service	Noms	Temps de service	Noms	
		Ecole des mines à la Monnaie.		
1783-1790	Sage (1740-1824)	»	»	»
		Ecole des mines à l'hôtel de Mouchy (1794-1802).		
»	»	»	»	L'Ecole était administrée directement par les trois membres du conseil : Gillet de Laumont, Lelièvre, Lefebvre d'Hellancourt.
		Ecole des mines du Mont-Blanc.		
1802-1814	Schreiber (1746-1827)	»	»	Il n'y avait pas à proprement parler d'inspecteur en Savoie ; mais il y a eu plusieurs sous-directeurs ou ingénieurs attachés à la direction à titre plus ou moins temporaire et que pour ce motif on ne rappelle pas ici.
		Ecole des mines à Paris.		
1815	Collet-Descotils (1773-1815) directeur provisoire	»	»	Il n'y a pas eu de directeur jusqu'en 1848. L'Ecole était administrée par le Conseil dont l'inspecteur était le bras exécutif. Dufrénoy avait été adjoint comme inspecteur à Lefroy en 1834.
»	»	1816-1836	Lefroy (1771-1742)	
»	»	1836-1848	Dufrénoy (1792-1857)	
1848-1857	Dufrénoy, *d. n.*	1848-1856	Le Play (1806-1882)	
1857-1871	Combes (1801-1872)	1856-1862	De Sénarmont (1808-1862)	
1872-1884	Daubrée (1814- »)	1862-1870	Gruner (1809-1883)	
1884-1885	Lan (1826-1885)	1870-1882	Dupont (1817- »)	
1885-1887	Luuyt (1825-1887)	1882- »	Carnot (1839- »)	
1887- »	Haton de la Goupillière (1833- »)			

Le tableau qui précède diffère sur plusieurs points de celui sur le même sujet déjà donné dans les *Annales des mines* (partie administ., 1882, p. 249). Nous avons tout d'abord rectifié quelques dates matériellement erronées, complété ensuite la chronologie par les indications relatives aux années écoulées depuis 1882, mentionné enfin, à sa date, l'École des mines du Mont-Blanc ; le tableau qui a été antérieurement donné n'était relatif qu'à l'École des mines à Paris.

Pour celle-ci, dans ses deux premiers états : École de Sage et École de la Convention, les deux différences essentielles à signaler sont les suivantes : Hassenfratz a été indiqué comme ayant été inspecteur à l'École de Sage, en 1785 ; nous nous sommes expliqué sur ce point (p. 31 de notre notice) ; nous n'avons trouvé aucun texte ou document établissant ce fait qui nous paraît peu vraisemblable. Pour l'École de la Convention, rien ne nous paraît autoriser à séparer Gillet de Laumont de ses deux collègues Lelièvre et Lefebvre d'Hellancourt, tout en reconnaissant qu'il est exact que Gillet de Laumont, dans le partage des attributions du conseil, paraît s'être occupé plus spécialement de l'École ; nous ignorons également sur quel texte ou document on s'est fondé pour attribuer à Picot de la Peyrouse la direction provisoire de l'École de 1794 à 1795 ; l'attribution nous paraît également moins que vraisemblable.

§ 2. — Chronologie des cours spéciaux (*).

1° *Exploitation des mines et machines.*

(Ce cours se dédouble en 1888 dans les deux cours distincts d'*exploitation des mines* et *machines*.)

	École des mines à la Monnaie.	
Guillot-Duhamel père. .	(1730-1816)	1783-1790
	École des mines de la rue de l'Université.	
Guillot-Duhamel père. .	(1730-1816)	1794-1796
Baillet du Belloy.	(1765-1845)	1796-1802
	École des mines du Mont-Blanc.	
Baillet du Belloy.	(1765-1845)	1802-1814

(*) Dans cette chronologie des professeurs qui se sont succédé dans chaque chaire, nous indiquons, pour chaque professeur : par les chiffres entre parenthèses, les dates de sa naissance et de sa mort ; par les chiffres qui suivent, la période de son professorat officiel.

Les suppléances sont indiquées dans la colonne à la suite.

Ecole des mines à Paris.

Baillet du Belloy.	(1765-1815)	1814-1832	
Combes.	(1801-1872)	1832-1856	Suppléé depuis 1848 par Callon, son successeur.
Callon.	(1815-1875)	1856-1875	Suppléé depuis 1872 par M. Haton de la Goupillière, son successeur.
Haton de la Goupillière.	(1833- »)	1875-1888	

2° *Exploitation des mines.*

(Y compris la préparation mécanique.)

[Cours distinct créé en 1888 par dédoublement du cours (1°) d'*exploitation des mines et machines*.]

Ledoux.	(1837- »)	1888- »

3° *Machines.*

[Cours distinct créé en 1888 par dédoublement du cours (1°) d'*exploitation des mines et machines*.]

Sauvage	(1850- »)	1888- »

4° *Métallurgie.*

(Plus spécialement désigné jusqu'en 1856 sous le nom de *minéralurgie*.)

Ecole des mines à la Monnaie.

Guillot-Duhamel père. .	(1730-1816)	1783-1790	Professait en même temps l'exploitation des mines et les machines (cours 1°).

Ecole des mines de la rue de l'Université.

Schreiber.	(1746-1827)	1794-1797	Suppléé par Miché; n'a jamais professé.
Hassenfratz.	(1755-1827)	1797-1802	

Ecole des mines du Mont-Blanc.

Hassenfratz	(1755-1827)	1802-1814

Ecole des mines à Paris.

Hassenfratz	(1755-1827)	1814-1826	
Guenyveau.	(1782-1861)	1826-1840	
Le Play.	(1806-1882)	1840-1856	
Piot.	(1817-1858)	1856-1858	Suppléé par Rivot en même temps que celui-ci professait la docimasie.
Gruner	(1809-1883)	1858-1872	
Lan.	(1826-1885)	1872-1885	Suppléé depuis 1884 par M. Lodin, son successeur.
Lodin.	(1849- »)	1885- »	

5° *Chimie industrielle.*

(Cours créé en 1887.)

Le Chatelier	(1850- »)	1887- »

6° *Docimasie.*

Ecole des mines à la Monnaie.

Sage.	(1740-1824)	1783-1790	C'est à titre historique seulement qu'on peut considérer comme un cours de *docimasie* celui de *chimie docimastique* professé par Sage.

Ecole des mines de la rue de l'Université.

Vauquelin	(1763-1829)	1794-1801	
Collet-Descotils	(1773-1815)	1801-1802	

Ecole des mines du Mont-Blanc.

»	»	»	Il n'y avait pas de cours spécial de docimasie; le professeur de métallurgie donnait les explications de chimie nécessaires.

Ecole des mines à Paris.

Collet-Descotils	(1773-1815)	1814-1815	
Berthier.	(1782-1861)	1816-1845	Suppléé depuis 1840 par Ebelmen, son successeur.
Ebelmen	(1814-1852)	1845-1852	
Rivot	(1820-1869)	1852-1869	Suppléé en 1868-1869 par M. Moissenet, son successeur.
Moissenet.	(1831- »)	1869-1877	Suppléé à diverses reprises depuis 1872 par M. Carnot, son successeur.
Carnot	(1839- »)	1877- »	

7° *Minéralogie et géologie.*

(Sage, à son école, professait exclusivement la minéralogie; à l'Ecole de la Convention le cours s'intitulait : Minéralogie et Géographie physique; le cours a été dédoublé en 1835 dans les deux cours distincts de *minéralogie* et de *géologie*.)

Ecole des mines à la Monnaie.

Sage	(1740-1824)	1783-1790	Sage professait en même temps la chimie docimastique (V. 6°).

Ecole des mines de la rue de l'Université.

Hassenfratz	(1755-1827)	1794-1795	Haüy professait à part la cristallographie.
Haüy	(1743-1822)	1795-1802	Pour la géographie physique (géologie), qui alternait avec la minéralogie, Haüy fut suppléé par : Ch. Coquebert de Monbret . . . . 1796-1797 Dolomieu. . . . . 1797-1798 Brongniart (Alex.). 1798-1799

Ecole des mines du Mont-Blanc.

Brochant de Villiers. . .	(1772-1840)	1802-1814	

Ecole des mines à Paris.

Brochant de Villiers. . .	(1772-1840)	1815-1835	Suppléé par Dufrénoy à partir de 1825, et à partir de 1827 par : Dufrénoy, pour la minéralogie ; Elie de Beaumont, pour la géologie.

8° *Minéralogie.*

[Cours distinct créé en 1835 par le dédoublement du cours de *minéralogie et géologie* (7°).]

Dufrénoy.	(1792-1857)	1835-1847
De Sénarmont.	(1808-1862)	1847-1862
Daubrée	(1814- »)	1862-1872
Mallard.	(1833- »)	1872- »

9° *Géologie.*

[Cours distinct créé en 1835 par le dédoublement du cours de *minéralogie et géologie* (7°).]

Élie de Beaumont. . . .	(1798-1874)	1835-1874	Suppléé plus ou moins complètement par de Chancourtois : en fait, depuis 1852 ; officiellement, depuis 1856.
De Chancourtois.	(1820-1886)	1875-1886	M. Bertrand a suppléé de Chancourtois à partir de 1885-1886.
Bertrand	(1847- »)	1886- »	

10° *Paléontologie.*

(Des conférences de paléontologie, comme annexes au cours de géologie, ont commencé en fait en 1845 ; elles ont été régularisées en 1848 ; le cours a été créé par le décret de 1856.)

Bayle.	(1819- »)	1845-1881
Douvillé	(1846- »)	1881- »

11° *Paléontologie végétale.*

(Conférences faites comme annexes du cours de paléontologie depuis 1878 régularisées en 1887.)

Zeiller	(1847- »)	1878- »

12° *Géologie appliquée.*

(Ce cours a été créé en 1879 par transformation du cours d'*agriculture, drainage et irrigations ;* il fut alors cours d'*agriculture et géologie technique ;* il est devenu le cours actuel en 1887.)

Fuchs.	(1837- »)	1879-

13° *Agriculture, drainage et irrigation.*

[Des leçons d'*agriculture et drainage* ont été introduites en 1853, annexées au cours de *législation et économie industrielle* (10°); le cours a été créé en 1856; il n'a eu un professeur titulaire spécial qu'en 1864; le cours a disparu par transformation, en 1879, dans le cours précédent de *géologie appliquée*.]

Delesse. . . . . (1817-1881) 1864-1879

14° *Chemins de fer et construction.*

(Des conférences sur les chemins de fer seuls ont été créées en 1846; le cours complet a été créé en 1848 pour se dédoubler en 1879 dans les deux cours distincts de *Chemins de fer* et de *Construction*.)

Couche. . . . . (1815-1879) 1846-1879 — Suppléé depuis 1877 par M. Résal, qui devait succéder à Couche dans le cours dédoublé de *Construction*.

15° *Chemins de fer.*

[Cours distinct créé en 1879 par le dédoublement du cours de *Chemins de fer et construction* (14°).]

Vicaire. . . . . (1839- ») 1879- »

16° *Construction.*

[Cours distinct créé en 1879 par le dédoublement du cours de *Chemins de fer et construction* (14°).]

Résal. . . . . (1828- ») 1879- »

17° *Ateliers de constructions mécaniques.*

[Leçons instituées en 1887 comme annexes du cours de construction (16°) et complétant aussi depuis 1888 le cours de machines (3°).]

Sauvage . . . . (1850- ») 1887- » — M. Sauvage professe depuis 1888 le cours distinct de *machines*.

18° *Applications de l'électricité.*

(Conférences instituées en 1887.)

Potier. . . . . (1840- ») 1887- » — M. Potier professe la physique aux élèves des cours préparatoire (V. § 3).

19° *Législation et économie industrielle.*

[Cours créé en 1848 et dédoublé en 1885 dans les deux cours de *Législation* et d'*Economie industrielle;* de 1853 à 1864, le professeur titulaire faisait en outre les leçons d'*Agriculture et de drainage* (13°).]

Jean Reynaud	(1806-1863)	1848-1851	Le cours n'a pas eu lieu en 1851-1852.
De Villeneuve	(1803-1874)	1852-1862	De Villeneuve a été, à diverses reprises, suppléé par M. Lamé Fleury.
Lamé Fleury.	(1823- »)	1862-1868	
Dupont.	(1817- »)	1868-1882	
Aguillon	(1842- »)	1882-1885	

20° *Législation.*

[Cours distinct créé en 1885 par dédoublement du cours de *Législation et économie industrielle* (19°).]

Aguillon	(1842- »)	1885- »

21° *Economie industrielle.*

[Cours distinct créé en 1885 par dédoublement du cours de *Législation et économie industrielle* (19°).]

Cheysson	(1836- »)	1885- »

22° *Topographie et lever de plans.*

[Jusqu'en 1814 les leçons de lever de plans étaient comprises dans le cours d'*Exploitation des mines et machines* (1°); elles ont été données à part depuis; les exercices sur le terrain et dans les catacombes se faisaient avant 1844 sous la direction de l'inspecteur et se font depuis sous la direction du professeur de topographie, toujours avec le concours du chef des travaux graphiques (23°).]

Delaunay.	(1844-1872)	1844-1849	Etait en même temps chargé de la surveillance des travaux graphiques et d'un cours préparatoire.
De Chancourtois (*d. n.*).	(1820-1886)	1849-1856	Id.
Haton de la Goupillière, (*d. n.*).	(1833- »)	1857-1861	Etait en même temps chargé d'un cours préparatoire, mais non de la surveillance des travaux graphiques.
Fuchs (*d. n.*).	(1857- »)	1862-1883	Chargé en outre jusqu'en 1879 d'un cours préparatoire et à partir de 1879 d'un cours spécial (12°).
Pelletan.	(1848- »)	1884- »	

23° *Travaux graphiques.*

Ecole des mines à la Monnaie.

Miché. . . . . (1755-1820) 1783-1790 { Ingénieur des mines; faisait en même temps un cours d'architecture pratique.

École des mines de la rue de l'Université.

Cloquet. . . . . (? - ?) 1794-1802

Ecole des mines du Mont-Blanc.

(Il n'y avait pas de chef des travaux graphiques.)

Ecole des mines à Paris.

(Jusqu'en 1832 il n'y a pas eu de chef des travaux graphiques; Lefroy, inspecteur des études, surveillait cette partie des exercices.)

Girard. . . . . (? -1844) 1832-1844

[A la mort de Girard, il n'y eut plus de chef spécial des travaux graphiques jusqu'en 1857; la surveillance fût exercée, sous l'autorité de l'inspecteur, par l'ingénieur chargé des leçons de topographie (V. 22°), à savoir successivement : Delaunay (1844-1849), de Chancourtois (1849-1857).]

Amouroux . . . . (? -1869) 1857-1869

Lenoir . . . . (1831- ») 1869- »

24° *Artillerie.*

(Le cours d'Artillerie n'a été créé qu'en 1887; antérieurement, depuis 1873, les élèves de l'Ecole des mines devaient aller suivre à l'Ecole des ponts et chaussées le cours de fortifications qui s'y professait depuis cette date.)

Commandant Priou. . . (1844- ») 1887- »

§ 3. — Chronologie des cours préparatoires.

Il a existé des cours préparatoires à l'Ecole de Sage (V. p. 29), ainsi qu'au début de l'Ecole de la Convention; nous ne rappelons ici ce précédent que pour mémoire sans vouloir y rattacher, autrement qu'au point de vue historique, la filiation des véritables cours préparatoires créés en 1844.

Depuis cette date, cinq matières ont été enseignées dans ces cours : analyse, mécanique, géométrie descriptive, physique et chimie, avec des développements variables pour chacune, et une répartition en deux, trois et enfin quatre cours. Pour tenir compte de toutes ces circonstances, nous avons cru devoir adopter un autre ordre que celui des cours spéciaux, en partageant les quarante-cinq ans en cinq périodes correspondant aux modifications principales introduites dans cet enseignement.]

1° *De* 1844 *à* 1848 ; 2 *cours.*

Analyse et mécanique, géométrie descriptive et physique. . Delaunay (*).
Chimie générale . . . . Rivot.

(*) Quand le nom du professeur n'est pas suivi d'une date, il a professé durant toute la période.

2° *De* 1848 *à* 1856 ; 3 *cours.*

Mécanique et physique.	Delaunay.	1848-1850	
	Sentis.	1850-1853	
	Philipps.	1853-1855	Suppléé temporairement par Huyot en 1855.
	Bochet	1855-1856	
Géométrie descriptive et analyse.	De Chancourtois.		Suppléé temporairement par Bour en 1855.
Chimie générale	Rivot	1848-1852	
	Bochet	1852-1855	
	Haton de la Goupillière.	1855-1856	

3° *De* 1856 *à* 1868 ; 3 *cours.*

Mécanique et analyse.	Haton de la Goupillière.		
Géométrie descriptive et physique.	De Chancourtois.	1856-1860	Suppléé par M. Mussy à partir de 1858.
	Bour	1860-1862	Suppléé par Huyot en 1862.
	Fuchs.	1862-1868	
Chimie générale	Moissenet.		

4° *De* 1868 *à* 1887 ; 4 *cours.*

Mécanique et analyse.	Haton de la Goupillière.	1868-1875	Suppléé depuis 1872 par M. Jordan.
	Moutard	1875-1887	
Géométrie descriptive.	Fuchs.	1868-1879	
	Pelletan	1879-1887	
Physique	Potier.		
Chimie générale	Carnot	1868-1877	A partir de 1871 nombreuses suppléances de M. Carnot par MM. Henry ou Rigout.
	Le Chatelier . . .	1877-1887	

5° *De* 1887 *à* . . . . ; 4 *cours.*

Mécanique	Moutard.	
Géométrie descriptive et analyse.	Pelletan.	
Physique	Potier.	
Chimie générale	Le Chatelier . . .	1887-1888
	Chesneau.	1888- »

§ 4. — Tableau des cours.

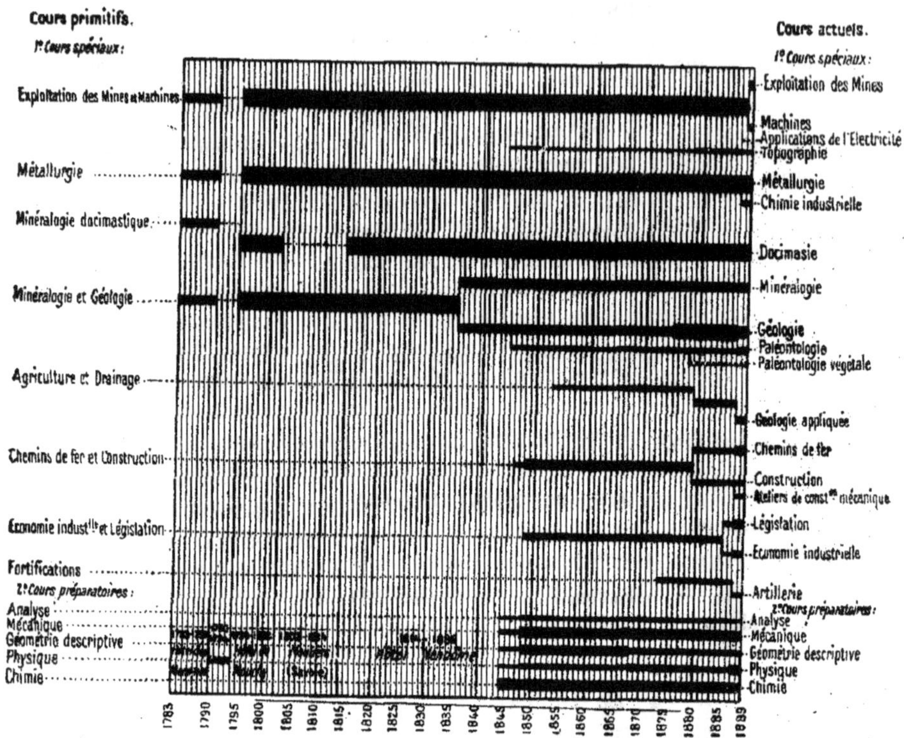

A cette chronologie des cours et professeurs nous annexons un diagramme qui la résume et représente en même temps le nombre de leçons, de 1 heure et demie en principe, attribuées suivant les époques à chaque cours ou conférence. En l'état demandé par le conseil lors de la réforme de 1887-1888, l'enseignement s'établirait par année comme l'indique l'énumération suivante, où le chiffre, accompagnant chaque matière, donne le nombre des leçons :

Année préparatoire : Mécanique (50) ; analyse et géométrie descriptive (15 + 30) ; physique (45) ; chimie générale (50) ;

Première année : Exploitation des mines et préparation mécanique (47) ; métallurgie (42) ; docimasie (38) ; chimie industrielle (25) ; minéralogie (42) ; paléontologie (34) ; paléontologie végétale (8) ;

La topographie (12) s'enseigne au début de la période des exercices d'été, après les examens qui terminent la première année, et avant les exercices de lever de plans sur le terrain et dans les catacombes ;

Deuxième année : Métallurgie (42); docimasie (38); géologie et pétrographie (42 + 10); machines et résistance des matériaux (23 + 12); application de l'électricité (7); chemins de fer (42); économie industrielle (27);

Troisième année : Construction (25); ateliers de constructions mécaniques (17); géologie appliquée (42); législation (42); artillerie (20).

Ne sont pas compris dans cette énumération : les leçons d'allemand ou d'anglais suivies durant les trois années; ni les démonstrations pratiques données en conférences par les professeurs, ou leurs préparateurs : en géologie, minéralogie et paléontologie, pour exercer les élèves au maniement des instruments et à la détermination des échantillons; ni les exercices de photographie.

II

COLLECTIONS.

Les collections de l'Ecole des mines qui constituent le *Musée* annexé à l'École comprennent :

1° Une collection de minéralogie;
2° Une collection de paléontologie;
3° Une collection de géologie;
4° Une collection de statistique départementale;
5° Une collection de gîtes minéraux;
6° Une collection de métallurgie;
7° Une collection de modèles.

Toutes les collections sont placées sous la haute surveillance de l'inspecteur de l'Ecole, qui en est le *conservateur*. Les professeurs de paléontologie et de géologie sont, sous son autorité, respectivement *conservateurs-adjoints* des collections de paléontologie et de géologie; le professeur de géologie appliquée est conservateur-adjoint des deux collections de statistique départementale et des gîtes minéraux; la collection de minéralogie a, actuellement encore du moins, un conservateur-adjoint distinct du professeur de minéralogie.

Il y a, en outre, des préparateurs ou des attachés soit pour une seule des collections ou même une partie d'une collection (comme pour la paléontologie végétale) soit pour plusieurs.

Les deux collections qui, par leur importance absolument

exceptionnelle, nécessitent un historique un peu plus détaillé, sont les collections de minéralogie et de paléontologie. Il nous suffira de dire quelques mots sur les autres.

Collection de minéralogie.

La collection systématique de minéralogie qui se trouve exposée dans les tables-vitrines des salles du premier étage de l'ancien bâtiment fut commencée, lors de l'établissement de l'Ecole à l'hôtel de Vendôme, par Brochant de Villiers, bientôt aidé dans ce travail dès 1819 par Dufrénoy. Malgré le nombre considérable d'échantillons, quelque 100.000, déménagés successivement de la rue de l'Université (*) au Petit-Luxembourg et de là à l'hôtel Vendôme, cette collection commença très modestement. Au début, en 1816, Brochant de Villiers évaluait à 800 échantillons seulement le nombre de ceux composant la vraie collection minéralogique, la *collection orictognostique*, comme il l'appelait d'après le langage de l'époque. Il l'avait augmentée jusqu'en 1820: d'un millier d'échantillons prélevés sur l'amas chaotique des échantillons accumulés à l'Ecole après son emménagement; d'un millier acheté dans le commerce ou des ventes, notamment à la célèbre vente du cabinet Heuland, et enfin de 1.200 échantillons, choisis, pour 900 francs, dans la collection de l'inspecteur général Lefebvre d'Hellancourt. En 1820, la collection était arrivée ainsi à compter environ 4.000 échantillons (**).

En dehors de quelques autres dons ou acquisitions, la collection s'accrut principalement jusqu'en 1845 par: l'acquisition, en 1839, du cabinet de l'inspecteur général Lelièvre, payé 2.400 fr. (environ 3.500 échantillons); la part attribuée, en 1825, à l'Ecole des mines, après le décès de Sage, sur les collections réunies par lui à l'hôtel des Monnaies (V. p. 36); la collection léguée par Paillette en 1844. On peut également signaler, bien que d'importance relative moindre, les collections Juncker et Héron de Villefosse.

A cette époque, la collection systématique de minéralogie comptait, d'après Dufrénoy, 5.620 échantillons exposés dans les

---

(*) Nous avons donné, p. 46, les renseignements principaux sur les origines des collections de la rue de l'Université.

(**) En 1820, on conservait encore distincte et séparée la *collection minéralogique, d'après le système allemand*, envoyée classée de Freiberg, en 1802; cette collection s'est fondue depuis dans les autres.

tables-vitrines et 860 de grandes dimensions; cet ensemble était alors estimé à 80.000 francs.

En 1845 eut lieu l'acquisition, au prix de 110.000 francs, du célèbre cabinet de Drée, au sujet duquel nous ne pouvons que renvoyer à ce que nous avons dit p. 149.

Après cette acquisition capitale le fond même de la collection principale avait quasiment atteint son importance actuelle; elle ne s'est accrue que par des dons ou acquisitions d'échantillons exceptionnels par leurs dimensions et leur beauté.

Toutefois, dans ces derniers temps, à la collection principale de minéralogie sont venues se joindre deux collections bien connues et qui ont été maintenues distinctes, dont il a été fait don à l'Ecole, en 1881, par M. Adam (*) et, en 1888, par M. Delessert.

Lors de la vente des diamants de la Couronne, il a été attribué à la collection un certain nombre de pierres précieuses ayant un intérêt minéralogique plus qu'une valeur réelle comme bijoux (**).

Parmi les dons d'échantillons isolés qui méritent d'être signalés pour la beauté et la rareté des pièces, il faut signaler les séries de plombagine et de néphrite provenant des exploitations de M. Alibert, en Sibérie, et un diamant du Cap incrusté dans sa roche verte qui a été donné, grâce à l'obligeant intermédiaire de M. M. Chaper, par M. le baron Erlanger.

A la collection de minéralogie se trouvent rattachés des échantillons d'une valeur exceptionnelle à tous égards : ce sont les produits artificiels résultant des expériences classiques sur la reproduction des minéraux, notamment de celles de Ebelmen, de Sénarmont et M. Daubrée.

Collection de paléontologie (***).

Lorsqu'en 1820 Brochant de Villiers, en faisant connaître à l'administration la situation des collections de l'Ecole, formulait des propositions sur le développement qu'elles lui paraissaient

---

(*) La collection Adam, en petits échantillons, est remarquable par le nombre des types rares et choisis que son propriétaire avait réussi à réunir d'une façon très complète.

(**) Leur valeur peut être estimée à 20.000 francs environ.

(***) Les renseignements sur la collection de paléontologie, sauf ceux du début, sont empruntés à une notice de M. Douvillé, professeur de paléontologie et conservateur-adjoint de la collection.

devoir prendre, il signalait qu'on avait à créer en entier la *collection de coquilles et de madrépores*, nom sous lequel débuta l'importante collection d'aujourd'hui qui rivalise d'intérêt et de valeur avec la collection de minéralogie. On n'avait, en somme, à cette époque, disait Brochant de Villiers, qu'une suite de coquilles vivantes achetées à la *succession Tonnelier*, mort en 1818 (*) ; les fossiles se trouvaient dispersés dans les collections statistiques de la France ou dans d'autres.

Lecocq, attaché plus spécialement aux collections dans ce but, dès sa sortie de l'Ecole en 1835, paraît être le premier qui ait commencé à s'occuper de la collection de paléontologie. En 1837, on signalait qu'on avait exposé dans les salles du premier étage, à la suite et au sud de la collection de minéralogie, quelque 2.000 échantillons, dans lesquels vraisemblablement étaient comprises les coquilles vivantes de feu Tonnelier.

En 1839, Voltz, connu pour ses travaux de paléontologie, était venu accidentellement, appelé par Dufrénoy, travailler avec Lecocq. Ce travail, en somme, n'avança guère à raison du mauvais état de la santé de Lecocq qui, à partir de 1840, dut s'absenter à peu près constamment.

En réalité, on n'était pas encore sorti du chaos lorsque M. Bayle succéda à Lecocq, en 1844. Aux échantillons provenant des diverses collections non classées ou non utilisées, appartenant à l'Ecole (**) sont venues s'ajouter successivement :

1° La collection *de Koninck*, comprenant les types figurés par de Koninck dans son premier ouvrage sur le calcaire carbonifère de Belgique, donnée, en 1846, dans des conditions relatées à la page 151 ;

2° La collection *Puzos*, riche surtout en céphalopodes et renfermant un grand nombre de types étudiés et figurés par d'Orbigny, donnée en 1848 ;

3° Une belle série d'ossements fossiles de Saint-Prest donnée par M. *de Boisvillette*, en 1854 ;

(*) Tonnelier avait été conservateur au cabinet de Sage avant d'être employé en cette qualité par l'agence des mines. Au début de l'Ecole de la Convention, il a en outre professé accidentellement un cours préparatoire de mathématiques et même par suppléance la minéralogie. Après le départ pour Pesey, il est resté garde des collections de l'Administration des mines à la rue de l'Université et a continué ses fonctions à l'hôtel Vendôme jusqu'à sa mort.

Il a publié divers travaux de minéralogie dans le *Journal des mines*.

(**) V. p. 150, note (**), l'état de la collection ancienne, d'après Dufrénoy, en 1845.

4° La collection d'échinides de *Michelin;*

5° La collection *Deshayes*, achetée pour 100.000 francs en 1867, comprenant, en outre des types figurés dans les monographies du terrain tertiaire parisien et de ceux décrits par Deshayes dans l'encyclopédie méthodique, une collection générale des fossiles de tous les terrains et une très belle collection de coquilles vivantes;

6° La collection *Dupin*, acquise en 1864, comprenant les fossiles du gault et du néocomien des environs de Saint-Florentin, dont un grand nombre d'échantillons ont été figurés par d'Orbigny dans la paléontologie française;

7° La belle collection des fossiles de Grignon, recueillie par *M. Caillat*, achetée en 1864;

8° Une collection du silurien de Bohême achetée à *Barrande*, et comprenant les crustacés, les céphalopodes, les brachiopodes, les gastropodes et les lamellibranches, collection qui sera prochainement complétée par l'adjonction des crinoïdes;

9° La collection *Terquem*, achetée en 1872, presque entièrement composée de fossiles du terrain urassique de la Lorraine et comprenant tous les types figurés par Terquem dans ses différents mémoires, ainsi qu'une magnifique série de foraminifères.

10° En 1873, *M. de Verneuil* a légué à l'Ecole des mines la magnifique collection qu'il avait réunie dans ses nombreux voyages géologiques (*) : elle comprend une collection générale des fossiles de l'Espagne, recueillie à l'appui de la carte géologique de ce pays, et les collections des fossiles paléozoïques de la Russie, de la France, de l'Angleterre, de la Belgique, de l'Amérique, etc.

11° En 1882 a été achetée, pour 3.000 francs, une partie de la collection *Étallon*, comprenant principalement des fossiles des terrains jurassique et crétacé du Jura et en particulier des couches coralligènes de Valfin;

12° En 1885, *M. Ernest Javal* a fait don à l'Ecole des mines de la belle collection de mammifères fossiles qu'il avait recueillie dans les phosphorites du Quercy.

13° Enfin, en 1887, *Fontanes* a légué une partie de sa collection comprenant les nombreux fossiles recueillis par lui dans le bassin du Rhône, parmi lesquels il faut signaler particulière-

---

(*) V. Barrande, notice sur la collection de Verneuil, *Annales des mines*, 7e série, t. IV, p. 273.

ment les fossiles tertiaires et une belle série du terrain jurassique de Crussol.

A ces acquisitions principales, il faut ajouter un grand nombre de dons particuliers, d'une importance variable, dus à la générosité des visiteurs et des savants qui viennent travailler dans les collections.

Par le nombre et le choix des échantillons, par leur arrangement méthodique et par les commodités qu'elle offre à l'étude, cette collection, qui occupe aujourd'hui tout le second étage de l'ancien bâtiment sur une superficie de 950 mètres carrés, doit être placée au premier rang des collections similaires.

On peut estimer à 260.000 francs les dépenses d'acquisition de collections faites par l'Etat et à 300.000 francs au moins la valeur marchande des legs. En tant que collection, cette valeur s'augmente hors de toute appréciation parce qu'elle contient des échantillons uniques, des préparations de fossiles d'une beauté exceptionnelle dues à la science consommée et à l'habileté de M. Bayle, et au nombre considérable de types décrits et figurés dans les ouvrages originaux.

Paléontologie végétale. — Depuis que M. Zeiller a été attaché, il y a quelque douze ans, à la collection de paléontologie pour s'y occuper spécialement de la paléontologie végétale, les collections y relatives se sont développées et ont été plus exactement déterminées, plus méthodiquement classées et mieux disposées pour l'étude.

En 1847-1850, l'Ecole avait reçu une partie de la collection Græser, acquise dans les conditions relatées p. 151; elle a constitué le premier noyau de la série paléophytologique. Celle-ci s'est surtout enrichie, et notamment dans ces dernières années, par des dons habituellement dus à la générosité des exploitants, qui ont répondu avec empressement aux demandes qui leur ont été faites à ce sujet; nous citerons en particulier une magnifique série d'empreintes des mines de la Grand'Combe, donnée par la compagnie concessionnaire de ces mines, et des envois considérables provenant des principales exploitations du bassin de Valenciennes.

M. l'inspecteur général du Souich a fait don à l'Ecole de la collection recueillie par lui dans ce dernier bassin; M. Grand'Eury a envoyé la série des formes végétales du bassin houiller de Saint-Étienne; M. Fayol, les spécimens les plus complets de la flore houillère de Commentry; M. Nathorst, une suite d'empreintes rhétiennes de Scanie; enfin, M. Lacoe, de Pittston, une remarquable collection de végétaux houillers de Pennsylvanie.

Collection de géologie.

Cette collection, placée dans l'aile sud des salles du premier étage du vieux bâtiment, comprend une double collection systématique pour l'étude :

1° De roches encore classées dans le système adopté par de Chancourtois;

2° De séries méthodiques servant à établir la composition et les caractères des divers étages sédimentaires dans les pays qui leur servent de types.

Collection de statistique départementale.

Cette collection, qui occupe toutes les armoires vitrées autour de la collection de minéralogie, remonte à l'origine même de l'institution de l'École, comme on l'a répété bien des fois (V. notamment pp. 46 et 150). Elle a été, nous l'avons dit, définitivement classée par de Chancourtois, aidé de Guyerdet; de Chancourtois s'en est tout particulièrement occupé de 1853 à 1864, après avoir élagué tous les échantillons dépourvus d'intérêt qui encombraient l'Ecole.

On peut rattacher à cette collection la belle suite de marbres et pierres polies du vicomte Héricart de Thury, acquise par l'État en 1854.

Collection des gîtes minéraux.

Cette collection se lie naturellement au cours de géologie appliquée. L'idée première en remonte à Le Play, qui entendait faire rentrer cette collection dans son musée de minéralurgie dont elle devait être un des éléments (V. p. 152). De Chancourtois reprit l'idée en se plaçant plutôt sur le terrain de la géologie pure que sur celui de la statistique ou de l'utilisation industrielle; la collection devait servir à éclairer les questions de géogénie des gîtes minéraux. M. E. Fuchs, professeur de géologie appliquée et conservateur-adjoint de la collection, s'est particulièrement occupé de la développer et de la compléter aussi largement que possible.

On cherche dans cette collection à réunir les éléments faisant connaître méthodiquement les gîtes minéraux de tous les pays, les plus intéressants et les plus importants au point de vue technique ou géologique.

Collection de métallurgie.

Nous avons dit, page 151, le développement donné par Le Play, à cette collection qui n'existait guère avant lui, au point de vue tout au moins du classement et de la méthode. Depuis, elle ne s'est guère augmentée en dehors de quelques échantillons nouveaux dont le professeur de métallurgie peut avoir besoin pour son cours, et elle est quasiment abandonnée. Il n'en pouvait guère être autrement, on l'a dit.

Collection de modèles.

Dès l'École de Sage, Duhamel (V. p. 29) avait pris le soin de faire construire, pour l'usage de son cours, des modèles, à échelle réduite, des principaux appareils employés de son temps dans les mines et la métallurgie.

Le Play (V. p. 152) en avait également fait établir pour compléter sa collection de minéralurgie.

Depuis, à la suite de toutes les expositions universelles, il a été fait don à l'École d'un grand nombre des modèles, à échelle réduite, relatifs aux mines et à la métallurgie, qui avaient fait bonne figure dans ces tournois industriels : représentation ou relief de couches ou filons, de leur système d'exploitation, de puits, d'appareils divers de mines et d'usines, bocards, fourneaux, etc.

Aux modèles et appareils de mines et de métallurgie sont venus s'ajouter, en beaucoup moins grand nombre, ceux relatifs aux chemins de fer.

III

BUREAU D'ESSAIS.

Nous avons signalé, page 164, la création en 1845 du bureau d'essais qui, depuis cette époque, constitue une institution annexe de l'École, tout comme le Musée comprenant l'ensemble des collections qu'on vient de rappeler.

Le bureau d'essais est dirigé, sous l'autorité de l'administration de l'École, par le professeur de docimasie (*) ; de 1856 à

(*) Lorsqu'en 1845 le bureau fut créé, Ebelmen était administrateur-adjoint de Sèvres ; en raison de cette situation qui ne lui permettait pas de suivre

1888 (*), le professeur de chimie générale aux cours préparatoires a été directeur-adjoint du bureau. Des chimistes ou aides-chimistes,

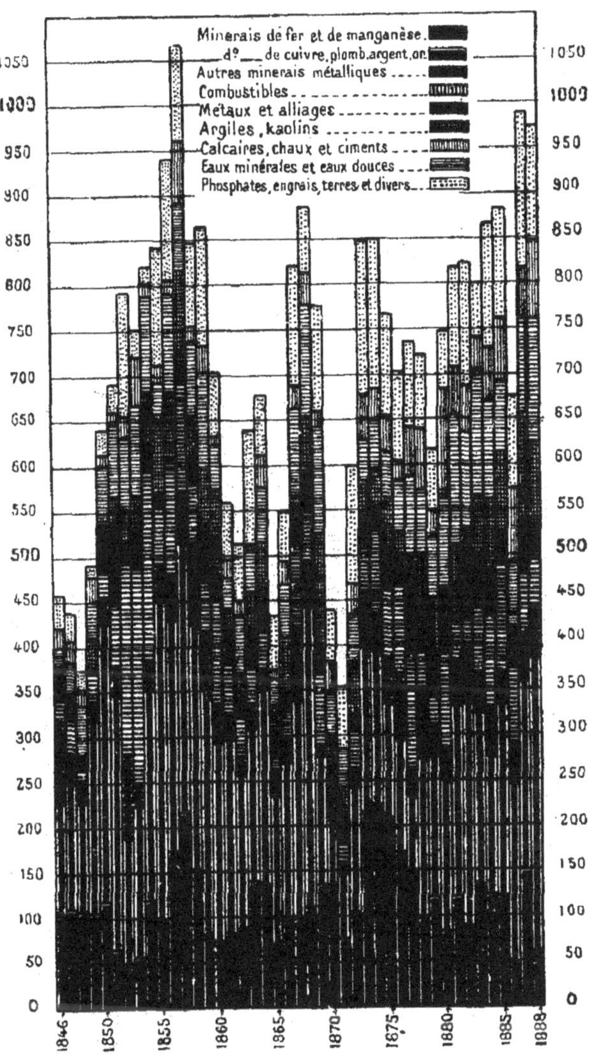

d'une façon assez continue le fonctionnement du laboratoire, Rivot en eut, dès la création, la direction effective, Ebelmen ne gardant que la direction nominale. En 1848, Ebelmen étant devenu administrateur de Sèvres, Rivot prit la direction officielle du bureau d'essais, bien que n'étant encore chargé que du cours de chimie des cours préparatoires.

(*) En 1888, M. Le Chatelier a quitté le cours de chimie générale des cours préparatoires pour ne garder que le cours de chimie industrielle des cours spéciaux; il reste néanmoins en cette qualité directeur-adjoint du bureau d'essais.

au nombre de un, deux ou trois, suivant les époques, concourent à l'exécution des analyses sur les indications du directeur et du directeur-adjoint. Des élèves-ingénieurs hors de concours ou des ingénieurs à leur sortie de l'École ont été, à diverses reprises, attachés temporairement à ce service.

A l'occasion de l'Exposition de 1878, M. Carnot, directeur dès cette époque du bureau d'essais, comme il l'est encore aujourd'hui, a publié, avec un historique de cette institution, les résultats des analyses qui y avaient été faites. Le diagramme ci-dessus est de nature à faire connaître la situation des travaux depuis l'origine. Le nombre des analyses exécutées jusqu'à ce jour, en 43 ans de fonctionnement, monte à 30.792, soit en moyenne à 716 par an. Le maximum de 1.068 a été atteint en 1857; le minimum de 353 correspond à l'année 1871.

Le bureau d'essais est actuellement installé dans les locaux qui se trouvent dans le nouveau bâtiment des laboratoires de plain pied avec les laboratoires des élèves.

Nous donnons ci-dessous le tableau chronologique du personnel qui a été attaché depuis sa création au bureau d'essais :

DIRECTEURS		DIRECTEURS-ADJOINTS		CHIMISTES et aides-chimistes	
Ebelmen, 1845-1848	Rivot, 1845-1848	(*)	1845-1848	Pierre.	1846
Rivot	1848-1869	Beudant. . .	1852-1855	Chavrel. . . .	1847
Moissenet. . .	1869-1877	Moissenet . .	1856-1869	Daguin	1848-1862
Carnot	1877- »	Carnot. . . .	1869-1877	Bouquet. . . .	1852-1853
		Le Chatelier.	1877- »	Gorjeu.	1854-1855
				Droz	1854-1855
				Demanet . . .	1856-1859
				Delvaux. . . .	1856-1872
				Rioult.	1856- »
				Le Baigue. . .	1859
				Rigout (**). . .	1860-1864
				Brunet.	1864-1887
				Dirvell.	1887- »

(*) Il n'y a pas eu de directeur-adjoint pendant la période de 1845-1848 où Rivot faisait fonctions de directeur.

(**) M. Rigout a quitté le service d'analyses au bureau d'essais pour s'occuper exclusivement du service des laboratoires des élèves.

IV

EFFECTIF DES ÉLÈVES.

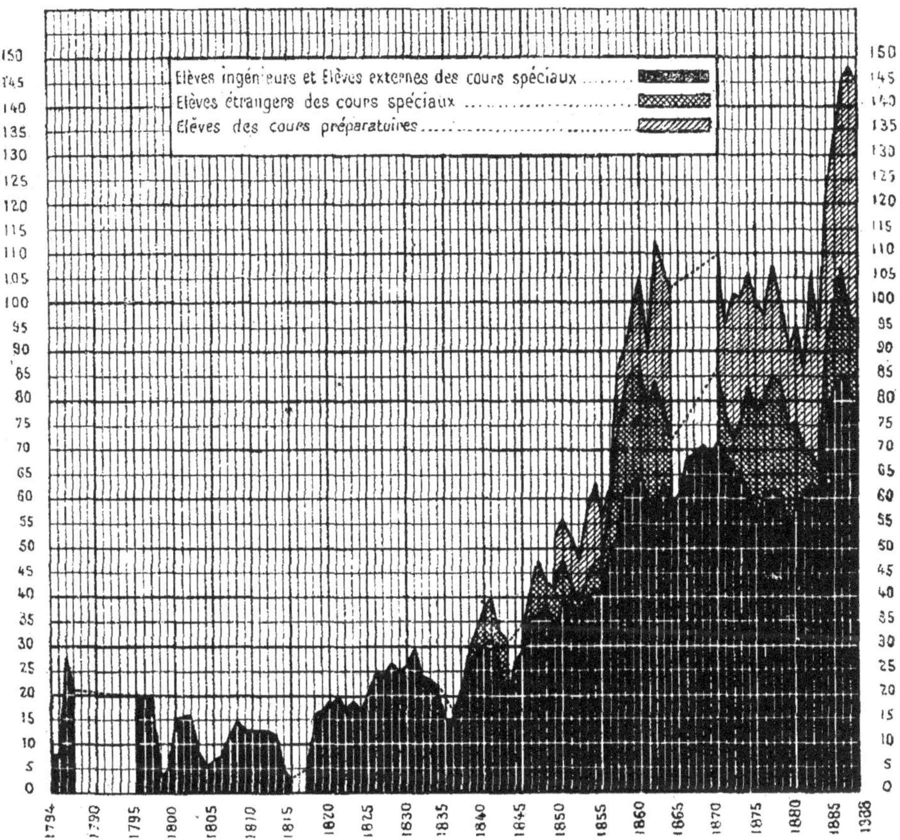

Le diagramme ci-dessus a été dressé en vue de compléter, par une vue d'ensemble, le mouvement des élèves qui se sont formés à l'École des mines depuis sa création en 1783. Ce diagramme a été dressé d'après le nombre des élèves qui ont subi chaque année les examens de passage ou de sortie ; il ne tient donc pas compte de ceux qui ont pu quitter l'École en cours d'année pour une cause quelconque. Il ne comprend pas les *élèves autorisés* de la Restauration qui furent presque aussi nombreux que les *élèves externes* et dont plusieurs, jouissant des mêmes privilèges, pourraient leur être, à tous égards, assimilés.

TABLE DES MATIÈRES.

CHAPITRE III.

L'ÉCOLE DES MINES A L'HÔTEL DE MOUCHY.

(1794 — 1802.)

CHAPITRE IV.

RECHERCHES POUR LA CRÉATION D'ÉCOLES PRATIQUES.

(1795 — 1802.)

CHAPITRE V.

L'ÉCOLE DES MINES DU MONT-BLANC.

(1802-1814.)

CHAPITRE VI.

L'ÉCOLE DES MINES A PARIS DEPUIS 1814.

§ 1.

L'École jusqu'à son installation à l'hôtel Vendôme.

§ 2.

Les bâtiments de l'hôtel Vendôme et leurs transformations successives.

§ 3.

L'École des mines sous le gouvernement de la Restauration.

§ 4.

L'École des mines sous le gouvernement de Juillet et jusqu'à la réforme de 1848-1849.

§ 5.

L'École depuis la réforme de 1848-1849 *jusqu'au décret de* 1856.

§ 6.

L'École depuis le décret de 1856 jusqu'à la fin de l'Empire.

§ 7.

L'École depuis les événements de 1870-1871.

ANNEXES.

INDEX ALPHABÉTIQUE

DES INGÉNIEURS, INSPECTEURS, ET PROFESSEURS, DÉCÉDÉS, SUR LESQUELS ONT ÉTÉ DONNÉS DES RENSEIGNEMENTS BIOGRAPHIQUES.

(Les chiffres entre parenthèse renvoient à la page où se trouvent en note les renseignements.)

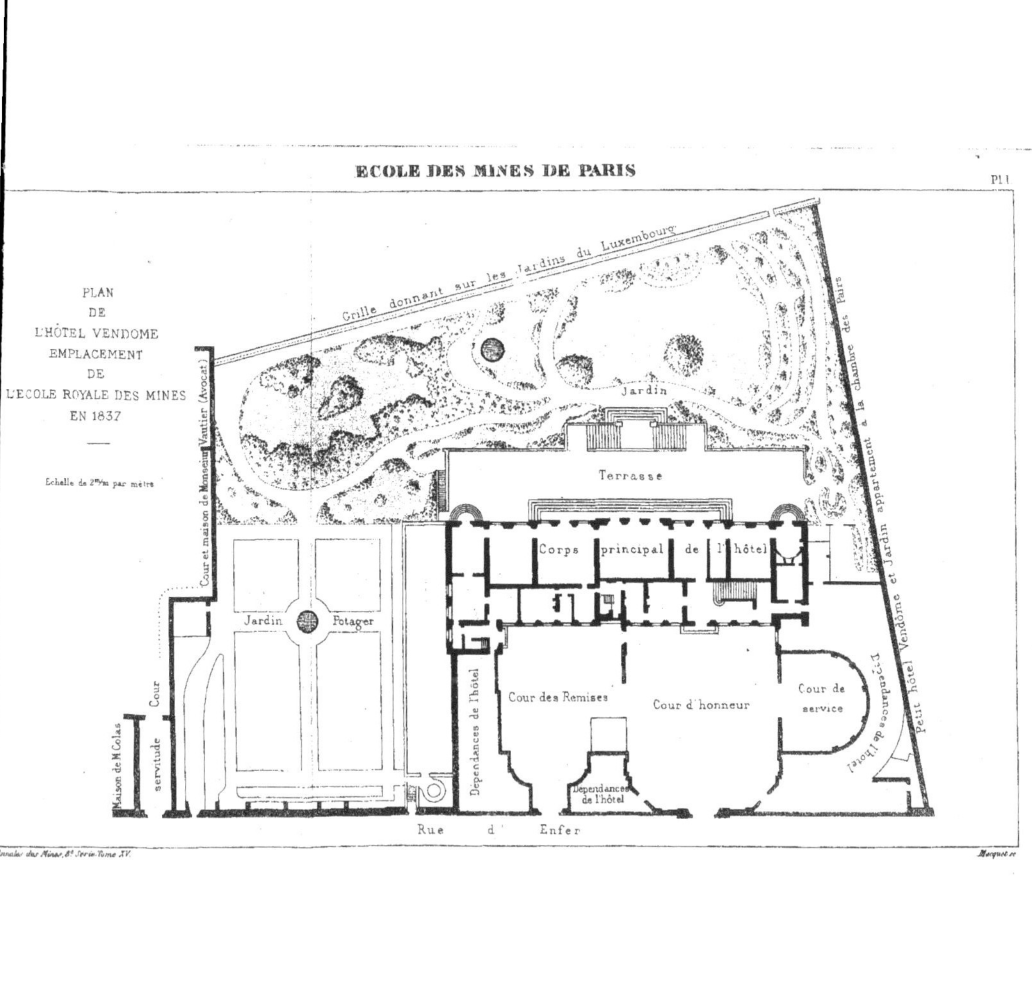
PLAN
DE
L'HÔTEL VENDOME
EMPLACEMENT
DE
L'ECOLE ROYALE DES MINES
EN 1837
Grille donnant sur les Jardins du Luxembourg
Jardin
Terrasse
Corps principal de l'hôtel
Jardin Potager
Cour et maison de Monsieur Vautier (Avocat)
Cour
servitude
Maison de M. Colas
Dépendances de l'hôtel
Cour des Remises
Cour d'honneur
Cour de service
Dépendances de l'hôtel
Dépendances de l'hôtel
Petit hôtel Vendôme et Jardin appartenant à la chambre des Pairs
Rue d'Enfer

ECOLE DES MINES DE PARIS

Pl.

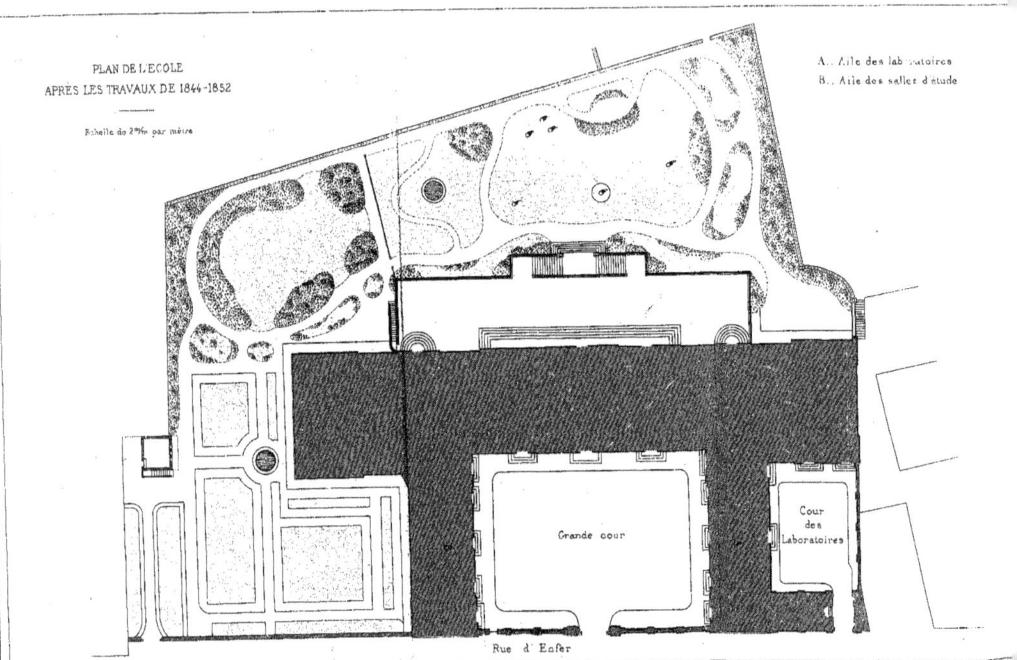
PLAN DE L'ECOLE
APRÈS LES TRAVAUX DE 1844-1852
Echelle de 2m/m par mètre
A.. Aile des lab ratoires
B.. Aile des salles d'étude
Grande cour
Cour
des
Laboratoires
Rue d'Enfer

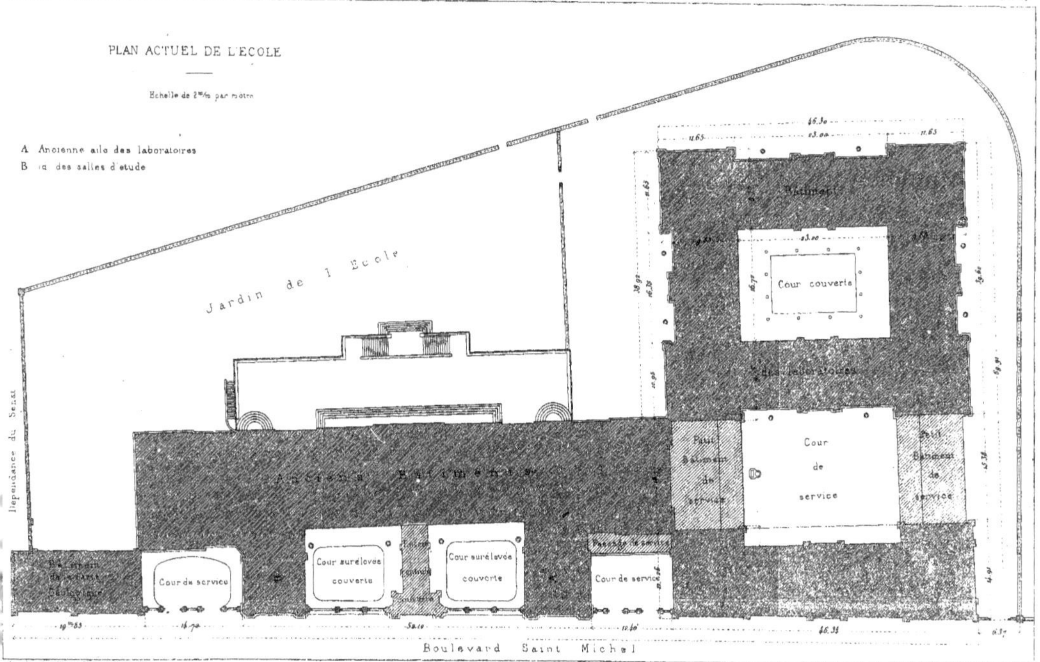

PLAN ACTUEL DE L'ECOLE

Echelle de 2m/m par mètre

A Ancienne aile des laboratoires
B id des salles d'etude

Jardin de l'Ecole

Dépendance du Sénat

Bâtiment

Cour couverte

des laboratoires

Cour de service

Petit Bâtiment de service

Cour de service

Cour surélevée couverte

Cour surélevée couverte

Passage de service

Cour de service

Boulevard Saint Michel

Mauvast sc.

www.ingramcontent.com/pod-product-compliance
Lightning Source LLC
Chambersburg PA
CBHW071615210326
41519CB00049B/2143
* 9 7 8 2 0 1 2 6 7 7 2 0 3 *